A+U

A+U 高校建筑学与城市规划专业教材

Architecture

and

建筑与快速表现
——《建筑初步》配套用书

Urban

李延龄　李迪　编著

中国建筑工业出版社

　　"建筑与快速表现"是建筑设计类专业的一门专业基础课程，也是《建筑初步》的配套教学用书。学习该课程可以将自己的设计构思与想法迅速地表达出来。

　　但面对全电脑时代的今天，学生临毕业时在考研或求职时都会遇到一场 3 至 6 小时的建筑手绘快题考试从而被择优录取，这是一个非常残酷的现象。而很多学生对这样的考试不够理解并出现了误解，导致出现为考试而考试的强化学习。为此，在前言中先讲以下两点。

一、正确理解建筑手绘快题考试的目的意义

　　建筑设计类专业的方案设计是一个非常辛苦而又复杂的过程，在设计的整个过程中它都需要有一个"反复推敲的草图设计阶段"和"与甲方面对面沟通与交流的阶段"，通常在草图设计阶段时与甲方的沟通和交流越多，其后期设计所遇到的问题则会越少。而这两个阶段的设计与交流都离不开建筑手绘的基本表达技能。

　　随着设计师心手脑并用的反复构思、推敲，此时，最理想的作图方式就是以瞬间的"涂鸦式"予以表达，从而逐步把控设计对象的平立剖图和形体的尺度与完整性。这样的构思与快速表达也非常适合与甲方的沟通，它可以随着沟通与交流的进度反复"涂鸦式"修改，再沟通、再修改，这是最

直接的"视觉语言"交流，这些"视觉语言"在过程中是电脑无法替代的。

这也许就是建筑设计院长或建筑系主任为什么要进行一场"残酷"的建筑手绘快题考试真正的目的和意义所在。

二、建筑手绘的快速表现必须具备的技能

以上讲到建筑手绘是建筑类专业方案设计中表达最为快捷的"视觉语言"，能快捷地、准确地来把控形体设计并快速表达出来，需要具备以下图示基本知识和作图的基本技能，从而较好地为设计表现服务以及自如地应对快题考试。

1. 具有良好的徒手作图能力，所绘制的平立剖图草图也必须符合国家制图标准和图示原理，其徒手作图的比例与尺度必须基本准确。

2. 了解、掌握建筑透视的生成原理和建筑透视的简明作图法，并且具有快速生成透视基本形体的技能。

3. 对画面或图面的构图具有一定的把控能力。

4. 具有较好的环境设计能力和建筑配景表现技能。

5. 有良好的美术基础，具有对实体建筑能较好地进行写生与速写的能力，同时具有良好的色彩基础，有熟练地进行不同色彩的平涂与退晕的着色技能。

6. 熟悉、掌握彩铅和马克笔着色的基本特性，并能较快

速地表达设计效果图。

综上所述，本教材在章节内容中特意编排了：钢笔徒手线条的表现、画面的基本构图、建筑配景的设计与表现、建筑速写、建筑透视的快速生成与表现、彩铅与马克笔的快速表现以及快题考试中应注意的若干问题等。其内容不仅可供快题应试者学习，同时，也为初学者系统学习基本理论和快速表现提供了良好的学习教材。

本教材在编写的过程中得到了华元设计手绘南京教学区卢辉响老师、北京建谊高能建筑设计研究院有限公司李国光老师的大力支持与帮助，他们两位均提供了优秀的范图。同时，还有深圳华森建筑与工程设计顾问有限公司王晓东总建筑师，深圳华阳国际工程设计股份有限公司唐志华总建筑师、副总裁，以及北京市建筑设计研究院有限公司金卫钧副总建筑师等，他们都提供自己的心仪佳作以对教材编写工作表示支持，在此，对他们无私的支持与帮助表示衷心的感谢。

由于教学经验与绘图技能水平有限以及编写时间仓促，教材中肯定会存在一定的错误和不足，恳切希望得到广大学者及老师的批评指正，谢谢。

2019.4 于杭州

目　录　Contents

A+U

第1章 Introduction
概述

1.1 快题考试与快速表现

　　21 世纪的今天，各行各业都进入了全电脑时代，建筑学、城乡规划、风景园林与景观等专业的设计也都进入了无纸化的全电脑设计。但每当一年一度的毕业季来临，一年一度的求职快题考试也就随之而来，一年一度的硕士研究生快题考试也会提前到达。这接踵而来的快题考试，似乎已成为社会对在校大学生中的应聘者其专业水平与能力测试的试金石，如图 1-1 所示为某展览馆方案设计的 6 小时快题考试的学生试图。

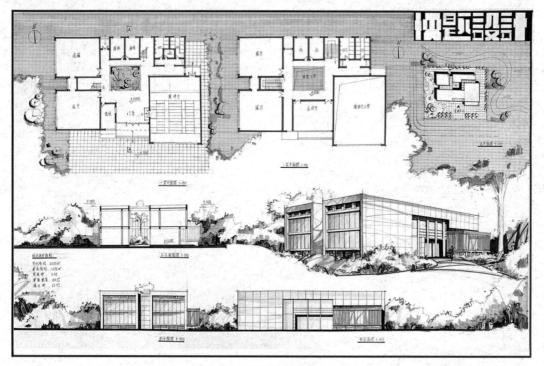

图 1-1 学生快题考试试图

目前，还是有不少临毕业的学生并没有理解快题考试的真正目的，也不太了解到底如何应对这比较残酷的 3～6 小时的快速考试。所以在学习快速表现以前希望同学们首先要认识到进行这些快题考试背后的缘由又是什么。

为什么全电脑时代的今天，考研、求职还必须要进行快题考试？应试者又必须具备哪些专业知识和表现技能呢？

一位资深的建筑设计院院长是这样说的：建筑设计是一项非常综合的创作事项和过程，电脑绘图只是整个设计过程中的一部分，当我们接收到某一个建筑设计任务时，首先会有一个非常重要的创作设计的前期工作，它需要有大量的调查研究和资料收集工作，与甲方的访谈交流和图示记录工作。同时，在建筑方案设计的初期通常还会有大量的草图勾画和反复推敲的图示创作工作，在这些创作与推敲的过程中都需要设计者快速应用专业知识和项目具体情况，心手脑并用充分发挥自己的手绘技能，这些看似涂鸦式的草草几笔，快之几分钟，慢之几小时，但这草草几笔都是心手脑并用无数次运作的生成，无数次推敲与勾画的结果。

可以说，这个过程电脑是无法替代的，优秀的设计大师都非常重视方案创作的前期设计与工作——虽然，看似只有草草几笔，却运筹帷幄了然于胸，如图 1-2 我国建筑大师陈世敏先生的设计草图。一位良好而又能独立的设计师他（她）除了必须掌握良好的专业知识外，还应具有一手良好的手绘技能，能够迅速地将自己的设计构想表达出来，所以用人单位需要对应聘者进行相应的手绘快题考试，同时，通过这短短的快题考试的过程也能充分反映出应试者分析问题与解决问题的能力。

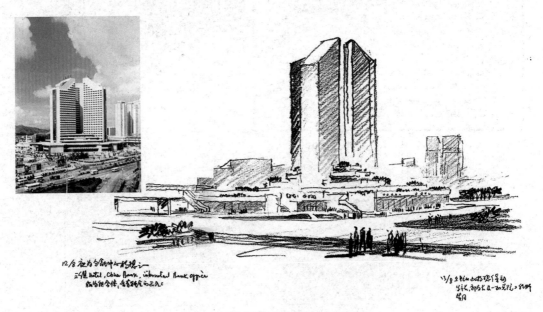

图 1-2 我国著名建筑大师陈世民先生设计草图

　　6 小时的快题考试从设计到表现通常可以分为两部分内容：第一部分为方案设计的审题、构思以及反复推敲的草图设计，这部分内容所需用时间一般为快题考试的 1/2，第二部分为绘制正图，如何将方案设计草图准确、形象以及快速地表达出来，这部分内容通常也需要花费快题考试的 1/2 时间。可以说图文是工程技术界的语音，在有限的时间内如能准确、形象和艺术地将其表达出来并让人眼前一亮，这就是快速表现的魅力所在。

　　在建筑教育界曾流传这样一句话：不怕你想不出，只怕你画不出。此话，从不同的角度讲出了图示表达的重要性。所以说准确、形象、快捷地表现已成为快题考试的关键所在。

　　随之，为了迎合这些快题考试中的快速表现，社会上各种手绘培训机构也就应运而生，对建筑学、城乡规划、风景园林等非艺术类专业的应届或历届本科毕业生，进行快速表现或快题考试的强化训练，图 1-3 所示为华元手绘培训学员的习作。

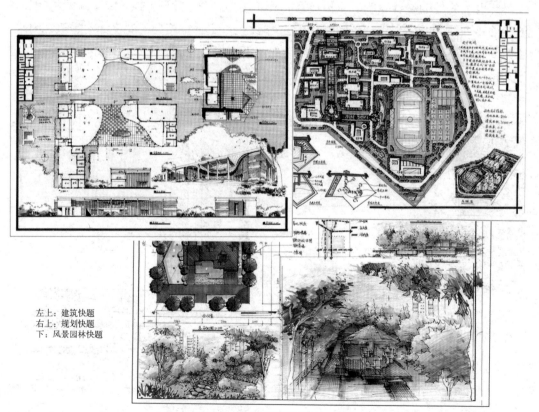

左上：建筑快题
右上：规划快题
　下：风景园林快题

图 1-3 手绘快题习作

1.2　快速表现必须具备的知识与技能

　　当我们在某一视频中或现场看到一位设计大师在短短的几分钟内，快速地将自己的设计方案行云流水似地表现出来，你会感到非常地惊讶和敬佩。

　　在设计与表现时，大家都希望有这种行云流水般的速度快捷而又准确地把自己所设计的方案表达出来的能力。就快速表现而言也必须具备以下两方面的知识与技能。

1.2.1　具有良好的专业知识与设计技能

　　无论建筑学、城乡规划还是风景园林专业的应试者，在应对快题考试前都必须具备良好的本专业设计基础理论知识和专业设计知识以及方案设计的能力，同时，还必须具有良好的分析与协调问题和综合解决问题的能力。有了这些知识与技能才能给方案设计作出最基本的保证。也只有在方案设计基本合理的前提下，方可评价快速表现的优劣，否则一切归零，如图 1-4 所示。

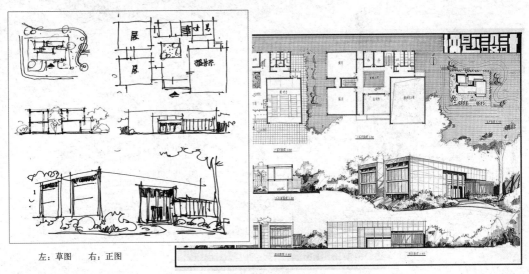

左：草图　　右：正图

图 1-4 快题设计中的草图与正图

1.2.2　具有娴熟的表现技能

　　在快题考试的过程中快速表现又可分为"草图构思"的表现与"正图绘制"的表现两部分内容和表现技能。

1）草图构思的表现技能

　　草图设计需要我们心手脑并用快速地将设计的立意构思表达出来，如图1-4设计草图所示，进行反复地推敲与修改直到基本满意，这一过程看似寥寥几笔但却涵盖着钢笔徒手勾画、配景、透视和建筑速写等方方面面的表现知识与良好的表现技能，否则，在那么短的时间内来表达快题设计的构思很困难，更不可能达到良好的表现效果。为此，平时必须加强钢笔徒手画和色彩手绘的训练，如图1-5所示。

图 1-5 平时的手绘练习图例

2）正图绘制的表现技能

　　正图绘制是在完成草图设计的基础上将其绘制成正式的图纸，在这一过程中初学者需要搞清楚绘制正图会有哪些工作和内容需要安排与表达，如图1-6所示。

　　（1）首先要进行图纸的版面构图布置如：不同的平面图、立面图、剖面图、透视图、必要的方案设计说明与经济指标以及对标题性文字等进行图面的布置和安排。

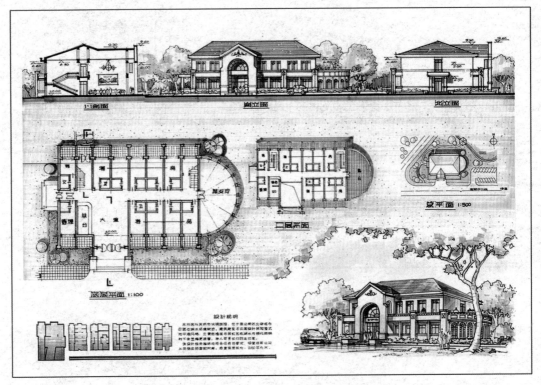

图 1-6 快题设计试图

（2）绘制不同的平面图、立面图和剖面图以及必要的配景图。

（3）绘制较形象的透视图以及相应的环境配景图。

（4）书写相应的经济指标、设计说明和必要的快题名称。

可以说绘制正图其图面效果的好与坏，将直接关系到快题考试的成败，在不少快题考试阅卷中还会有 20% ～ 30% 的卷面加分。在保证设计质量的前提下我们应尽可能较完美地、更漂亮地来表现方案设计的正图以达到让人眼前一亮的效果。

为此，对快题考试中的正图绘制应试者还需要具备以下表现技能：

（1）版面构图与布局的能力和表现技能。

（2）快速绘制平立剖面图的能力和表现技能。

（3）快速生成透视图像的能力以及环境设计的能力与表现技能。

（4）快速应用彩铅和马克笔的着色能力以及不同字体的文字书写能力和表现技能。

综上所述，针对建筑、规划、风景园林等非艺术类专业的学生而言，在学习方案设计的快速表现时，除了需要掌握较熟练的钢笔徒手画、建筑速写与构图等方面的基本技能外，同时还必须掌握建筑透视快速生成的技能，以及彩色铅笔和马克笔的着色技能，只有持之以恒方能熟练生巧，为快速设计奠定良好的表现基础，如图 1-7 所示。

透视的快速生成与配景

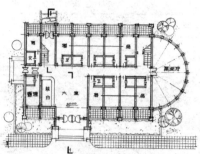

平立剖面图的绘制

南立面

不同字体的书写

彩铅与马克笔的着色

图 1-7 正图绘制所表达的内容

第2章　Performance of Pen Bare-handed Lines
钢笔徒手线条的表现

　　钢笔线条的徒手表现，无论在艺术界还是在工程界都可以说是运用最为广泛。因为，钢笔线条的徒手表现具有工具简单、作图快捷且黑白分明便于保存的特点，特别在工程设计界被广大设计人员所信赖和采用。

2.1　钢笔徒手线条表现的方式

　　钢笔徒手线条从表现建筑效果、自然风光，还是方案设计的草图推敲和阶段性展示来看，其表现方式主要有以下几种。

2.1.1　简捷快速的表现

　　这一表现方式主要适用于建筑的快速速写和方案设计中的草图推敲与勾画，其最大特点是方便快捷。同时，也要求作者要具有较好的概括能力和造型能力，如图2-1所示。

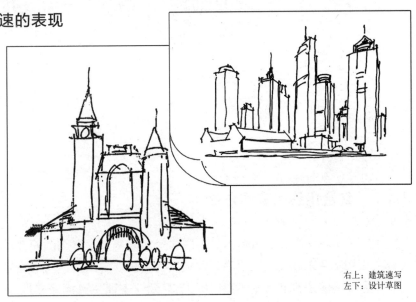

右上：建筑速写
左下：设计草图

图 2-1 简捷快速的表现

2.1.2 单线与排线的表现

单线与排线是两种不同的表现风格与表现方式。

1）单线表现是一种高度简洁而又明快的表现手法。这种表现手法要求作者对复杂的建筑形体和特征有一定的概括和把控能力。只凭线条的起伏和韵律来完成，是表现物体最简单的一种方式也是最基本的一种表现方式，同时，这也是最容易被初学者所赞赏与接受的一种表现方式，如图2-2（a）所示。

2）排线表现是通过线条不同的排列组合从而获得一定的明暗色调的表现手法。要求作者有较好的光影分析和素描表现的能力，如图2-2（b）所示。

左：（a）单线表现； 右：（b）排线表现

图2-2 单线与排线的表现

2.1.3 综合用线的表现方式

综合用线表现的最大特点，是可以在单线的基础上对画面的重点部位进行适当的排线或直接用黑色来强调建筑明暗和建筑结构的层次，从而使得画面更具魅力与神韵。

综合用线的表现也是建筑速写和方案设计表现中运用较多的一种方式，如图2-3所示。

钢笔徒手线条图的表现形式还有很多在此不一一列举，但对于初学者来讲，最基本的还是对各种钢笔徒手线条的组合与表现进行练习，尽快掌握徒手作图的技能。

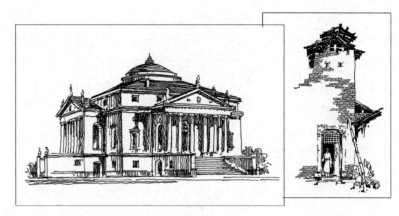

图 2-3 图综合用线的表现

我们不一定过分地去追求艺术的完美，而是希望通过这些基本的练习和训练满足方案设计快速表现的要求，否则，将难以完成 3～6 小时快题设计的考试。

2.2　钢笔徒手线条的基本排列与组合

我们所绘制的每一种线条都会赋予它一定的轻重和快慢，这些轻与重、快与慢的运笔就会产生出不同的韵味，将这些线条组还在一起就会反映出不同的韵律与效果，如图 2-4 和图 2-5 所示。

2.2.1　线条排列

1）自由、松弛的线条排列，具有一定的随意性和活泼感（图 2-4a）。

2）严谨、有序的线条排列，体现出一定的庄重与大气（图 2-4b）。

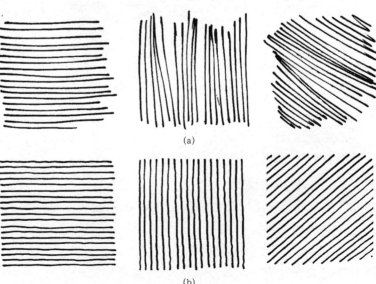

(a)

(b)

图 2-4 线条的基本排列

3）略带弯曲的线条排列，既有严谨线的庄重又显自由线的活泼（图2-4c）。

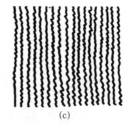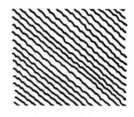

图 2-4 线条的基本排列（续）

2.2.2 线条的组合

1）松弛的线条自由排列，反映出不同的灰度与体积感（图2-5a）。

2）松弛的线条有序的排列，反映出一定的过渡与渐变效果（图2-5b）。

3）略带弯曲的线条有规律的排列，反映出不同的过渡与渐变效果（图2-5c）。

2.2.3 线条的应用

图 2-5 不同线条的组合

前面所讲到不同线条排列与组合会产生不同的风格和效果。

同样，同一栋建筑我们采用了不同线条的画法其得到的效果也截然不同，如图2-6～图2-8所示。

1）运用松弛而自由的线条，并无排列，给人简洁明快的效果，但缺乏光影效果，如图2-6所示。

2）运用较自由而交叉的线条排列，使得画面充满艺术而风趣的效果，如图 2-7 所示。

3）运用较严谨而有序的线条排列，使画面获得端庄而又大气的效果，如图 2-8 所示，运用这种线条的画法可能更适合非艺术类的同学。

图 2-6 运用松弛而自由的线条（无光影）

图 2-7 运用较自由而交叉的线条（有光影）

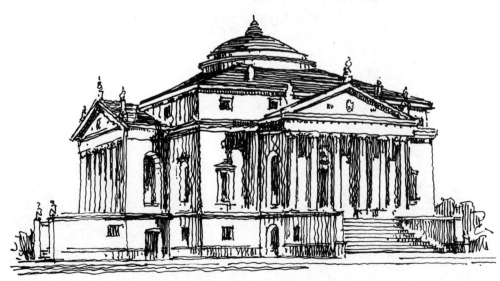

图 2-8 运用较严谨而有序排列的线条（有光影）

2.3 钢笔徒手画的练习

要能熟练地、快速地去表达自己所设计的构思和成果，不管你采用什么方式来表现，最基本的还是徒手画中的钢笔线条练习，只有通过反复地训练，掌握钢笔徒手画的把控能力和表达技能，才有可能对彩铅或马克笔等画种进行深入了解和掌握。

2.3.1 钢笔徒手线条的练习

钢笔徒手线条的表现力还是非常强的，通过不同形式的排列与组合达到的效果也是截然不同的，如图 2-9 ～图 2-11 所示。

图 2-9 不同直线与曲线的组合练习

同时，还要进行各种不同方向、不同趣味性的徒手线条练习，如图 2-10 所示。

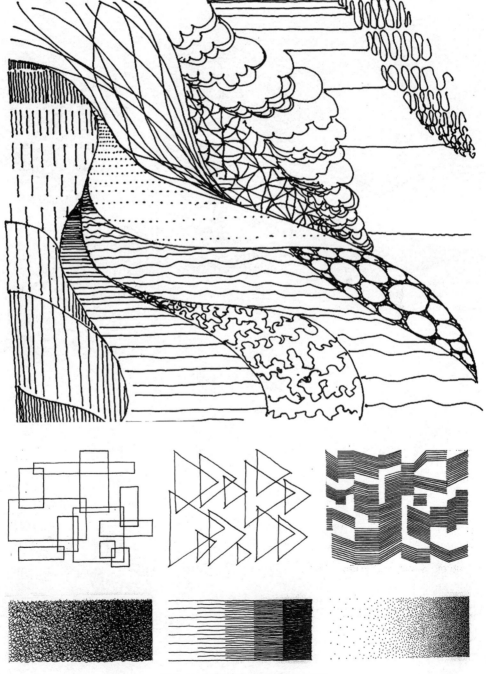

图 2-10 各种趣味性线条的自由组合练习

各种几何形体的线条组合表现，如图 2-11 所示。

图 2-11 各种几何形体的组合

2.3.2 钢笔徒手画的临摹

在钢笔徒手线条练习一段时间之后需要对钢笔徒手画进行一些临摹，这是必须的一个过程。这里要强调的是在临摹范图前必须对该图进行认真地分析，这包括范图的构图特点、用笔技巧、长宽比例以及透视规律。特别是比例与透视，最好事先在范图中搞清楚透视线的消失规律，然后再临摹作图，如图2-12所示。

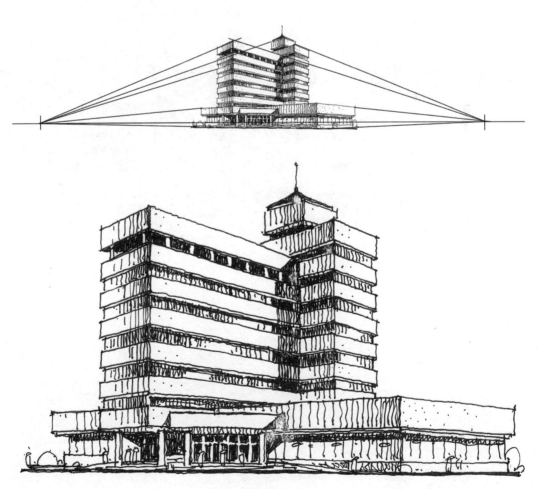

图2-12 杭州某商业建筑

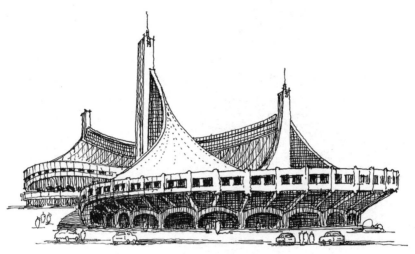

图 2-13 日本代代木体育馆

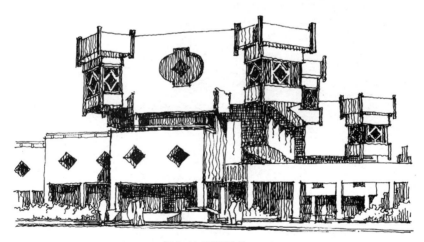

图 2-14 彩灯博物馆

图 2-15 日本滨海建筑

图 2-16 江南水乡某临水建筑

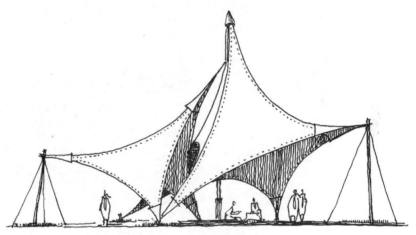

图 2-17 某休闲场地膜结构建筑小品

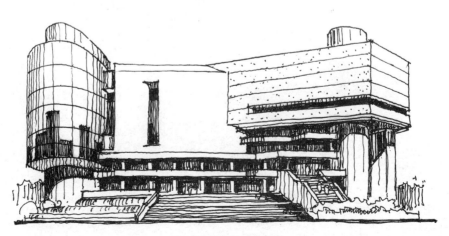

图 2-18 某商业综合体建筑

图 2-19 山东体育建筑

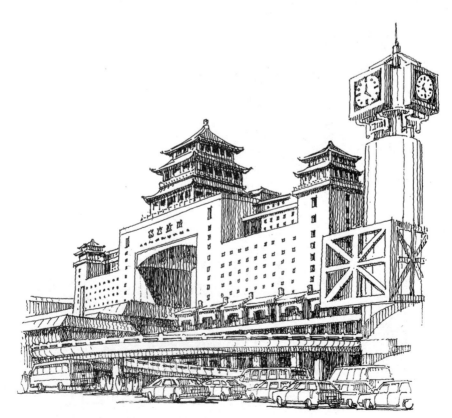

图 2-20 北京火车西客站

图 2-21 日本某车站

图 2-22 福建南平老人活动中心

图 2-23 某汽车加油站

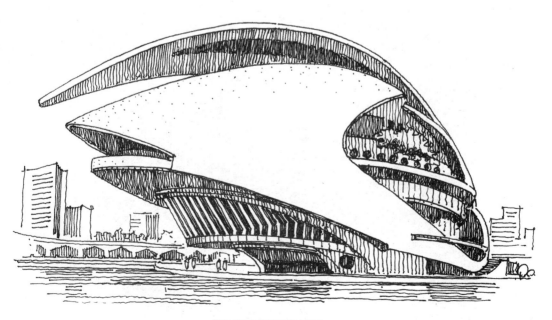

图 2-24 西班牙王后大剧院

第3章　Basic Composition of the Picture
画面的基本构图

　　所谓构图，简单地说就是如何组织好画面。在美术课中外出写生时老师时常会教我们如何去观察对象，从哪个角度去观察，采用竖向画面还是横向画面，写生的对象在画面中是否取得均衡，以及上下、前后、左右的位置和容量是否合适等，这一系列问题都与要表现的主题思想有着密切的关系。

　　建筑画不同于写生，它是建筑设计思想的表达，在建筑效果上必须反映出设计的思想、建筑的形象和环境气氛等因素，进行综合考虑并给予艺术的表达，如图3-1所示。

　　下面就画面的图幅形式、画面的均衡和建筑物在画面中的位置等要素，来讲述画面的基本构图。

图 3-1 建筑效果图

3.1 画面的图幅形式

　　画面的图幅形式要根据建筑物的类型、性质、造型和体量等特征来确定，通常低层或多层以及多栋建筑的场景宜横向构图比较好，而单栋高层建筑宜采用竖向构图，如图3-2所示。采用横向构图使得画面有稳定开阔之感，而竖向构图有高耸向上之感，使得建筑物更雄伟挺拔。如图3-3所示，同一场景，也可根据表达的意图而选择不同的图幅形式，从而达到不同的画面效果。

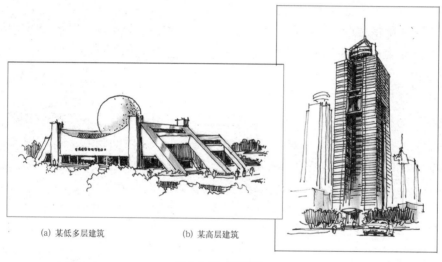

(a) 某低多层建筑　　　　　　(b) 某高层建筑

图 3-2 横、竖向构图

图 3-3 某民居建筑两种不同的构图

　　画面的图幅形式通常会以"横向"与"竖向"为多，如图3-4（a、b）所示，但是，根据景物的变化有时也时常会出现一种"方形"图幅。

　　这些"方形"的图幅也会给画面带来趣味和艺术感，如图3-4（c）所示。

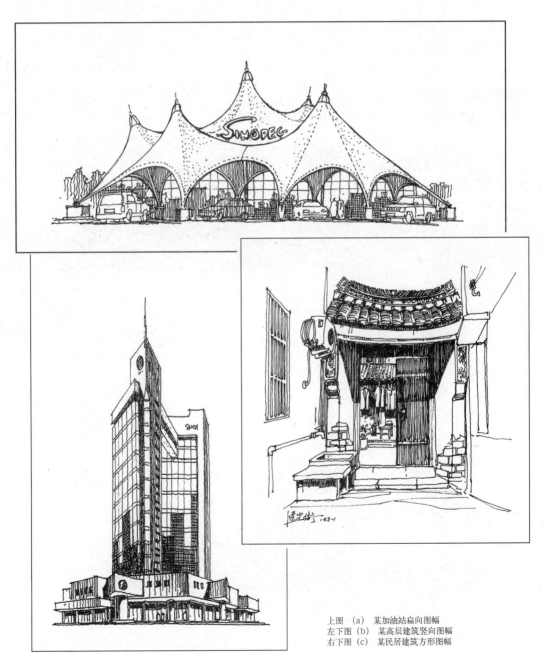

上图（a）某加油站扁向图幅
左下图（b）某高层建筑竖向图幅
右下图（c）某民居建筑方形图幅

图3-4 不同画面的图幅形式

3.2　画面的均衡

　　一幅建筑画的画面通常需要具有良好的均衡效果，如果一边轻一边重会感觉到不稳定，看着不舒服。一般情况下，两点透视所产生近大远小的现象就给画面构成了不均衡。再者，对于某些建筑物本身就存在层次高低差异，在效果图中更会带来画面的不均衡，如图3-5上图所示。

　　在这种情况下就需要通过配景的设计，包括树木、云层、路灯等周边的景物来协调，从而达到均衡，如图3-5下图所示。

图3-5 画面的均衡

3.3　建筑物在画面中的位置

建筑物在画面中的位置，主要可以从左右和上下两个方向来控制。

1）左右位置

在有两个灭点的建筑外观透视图中，建筑物都会有一个主面的方向，通常就把这个主面所对的空间留得大一点，否则会有一个"面壁"的压抑感，如图3-6（a）所示。

通过建筑物在画面左右的位置调整，如增加建筑物左侧配景的同时削减建筑物右侧的配景，自然就将建筑物向右侧推移，如图3-6（b）所示的画面效果就比较合适。

(a) 有压抑感

(b) 比较合适

图 3-6 建筑物在画面中的位置

2）上下位置

画面中建筑物的上下位置，将直接关系到天空与地面位置，一般在 1.6m 左右的视线作用下地面位置不会看到太多，而天空位置肯定大于地面。如图 3-7 所示。图 3-7(a) 天空位置太多而地面位置少了，图 3-7(b) 地面位置过大而天空位置较少，从而产生压抑感，相比之下图 3-7(c) 的位置较好给人感觉比较舒服。

(a) 天空位置太多

(b) 地面位置过大

(c) 天空与地面位置较好

图 3-7 天空与地面的位置关系

所以，建筑物在画面的布置，必须综合考虑其上下和左右的位置，对于初学者来讲应该多看多分析好的图，也可在画正图前做几个小样图进行比较从而进行选择。

第4章 Design and Performance of Architectural Scenery
建筑配景设计与表现

　　建筑表现图中所描绘的是处于真实环境中的建筑，因而，除了需要准确地表现建筑物以外还必须真实地反映其建筑物所处的环境和气氛，这就要求我们不仅要善于表现建筑的形象，同时还需要善于表现建筑物周围的一些自然景物，如：车、树、人等。

4.1　建筑配景设计的要点

　　某些建筑效果图由于对配景设计的考虑不周，使得画面枯燥乏味失去真实感，但是也有一些表现图过分强调了配景的绘制，过多地增加配景结果带来了喧宾夺主的效果。

图 4-1 某商业综合楼

　　建筑效果图不同于一般的风景画，描绘环境的目的是为了更好地陪衬建筑物，如图 4-1 所示。所以，妥善地处理好建筑效果图的场景是非常重要的，因此，在配景设计时应注意以下要几点：

　　1）尊重地形地貌，反映真实的环境和气氛，使其建筑物与环境和谐、协调，给人以逼真的效果。

　　2）配景设计时，其环境的配置必须与建筑物的功能相一致，如宁静、亲切的住宅建筑，风景美好的园林建筑以及车水马龙的商业建筑等。

　　3）充分利用配景来衬托其建筑物的外轮廓，在描绘中以相互衬托的色调来突出建筑主体。

　　一张较为逼真而又充满艺术的建筑效果图，在作画前都会得到周全的设计与思考，最终得到环境与建筑协调，如图 4-2 所示。

图 4-2 环境与建筑相协调

4.2　常用建筑配景的画法

作为建筑配景所涉及的内容也是很多的，首先就是交通工具、树木、人物，同时还会有人类生活中的各类生产工具和生活用品。这一些我们都称它为配景或配景元素，因为，绘制了这些便能更好地映衬景物主体，起到画龙点睛的作用。

4.2.1　树木

在建筑配景中，树木是最多的，而且涉及的种类也很多。在千姿百态的树木中我们首先要对常用的树木进行分类，掌握其不同的树形特征是非常重要的，因为只有了解不同的树形特征与树枝生长规律才能画好它的外形，如图 4-3 所示。

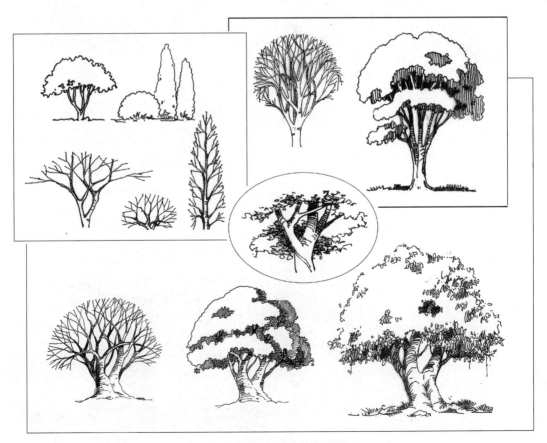

图 4-3　树枝生长特征与它的外形规律

　　同时，还必须搞清楚树木的明暗与体积，便于形体分析，可以把树木的形体分成单个或多个几何体，在光线作用下就会产生不同的明暗层次，如图 4-4 所示。

图 4-4 树木的形体结构

　　单棵树的光影层次相对比较好画，但对于多棵树或树丛来讲也需要利用明暗调子画出一定的光影层次，如图 4-5 所示。

图 4-5 树丛的光影层次

　　在建筑配景中，经常会碰到一些较写实的树木，这类大树往往作为近景处理，如图4-6所示。

图 4-6 写实性大树

　　同样，在建筑配景中也经常会运用到一些程式化的树木，这类程式化树木通常绘制在建筑立面图中，也是初学者应用较多的一种画法，如图 4-7 所示。

图 4-7 程式化的树木

在树木配景中我们还会碰到树的平面图形，这在方案设计过程中也是必不可少的。在此列举几种供参考，如图4-8所示。

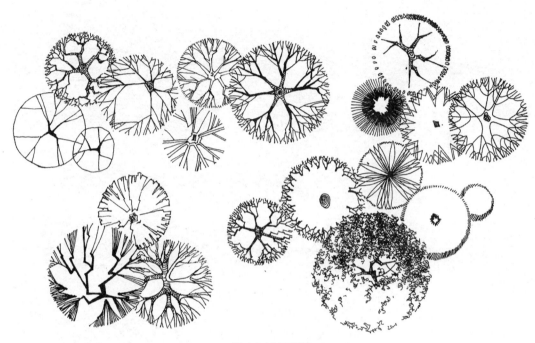

图4-8 树木平面图

4.2.2 交通工具

交通工具在建筑表现图中也是比较重要的配景景物，交通工具的出现不但对画面起到一个街景气氛的烘托作用，同时，与建筑物之间也有了尺度的对比关系。所以在绘制交通工具时必须把握好车辆的长、宽、高的尺度（小轿车为多），如图4-9所示。

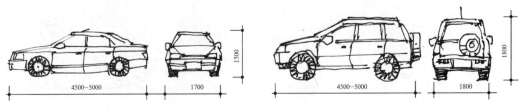

图4-9 小轿车的基本尺寸

    在日常的练习中还是需要绘制各种交通工具，从而掌握各种车辆的形状和比例，如图 4-10、图 4-11 所示。

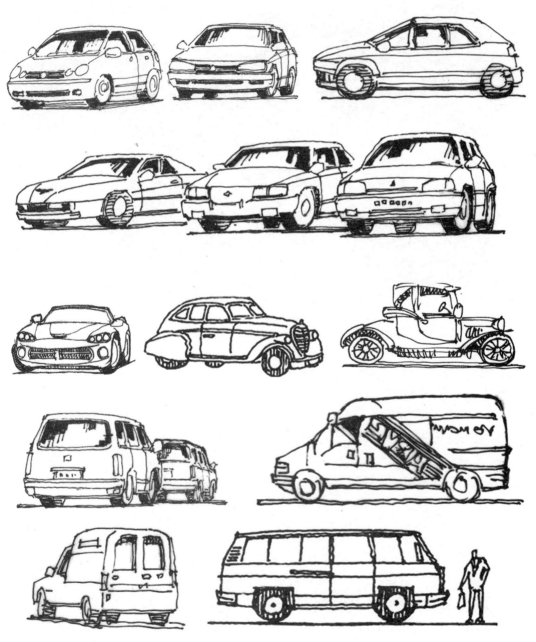

图 4-10 常用的交通工具（一）

图 4-11 常用的交通工具（二）

4.2.3　人物

　　人物的配置会给建筑物增添较强的尺度感和生机。对于人物的绘制要求只有一个，人体的基本动态轮廓和与建筑物之间的尺度对比关系。要强调的是人体高度与建筑物的关系以及与视平线的关系。绘制中人体高度通常控制在 1.6 ~ 1.8m，但不宜刻意细化以免画蛇添足，也不宜在近景中出现人物，如图 4-12、图 4-13 所示。

图 4-12 人物（一）

图 4-13 人物（二）

4.2.4   生产生活用具用品与建筑材质的表现

在建筑表现中特别在建筑速写时常会碰到农家的生产用具和生活用品，增加这些会给画面增添不少生机，如图 4-14 所示。

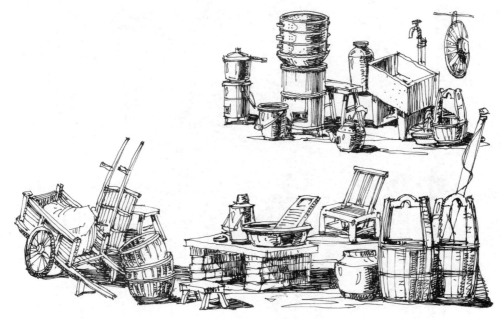

图 4-14 生产生活用具与用品

在建筑速写时还会经常遇到一些传统建筑材质的表现，这些材质的表现好坏会直接影响到画面效果，如图 4-15 所示。

图 4-15 建筑材质

第5章　Perspective in Representation Graph
表现图中的透视

　　本章节主要讲述的是：如何画好透视图，在"建筑制图"和"建筑初步"课程中大家一定都学了如何画透视的基本方法，在此基础上我们还必须学会如何画好透视，单纯以人的视觉清楚和无误为目的是不够的，要画好透视它包涵的内容也是比较多的。本章节主要讲述最常见的两点透视中的角度选择、透视视点的选择以及透视类型的选择和介绍最常用的透视简明作图法。

5.1　透视角度的选择

　　在绘制两点透视时首先就是角度与视点的选择，如图 5-1 所示。

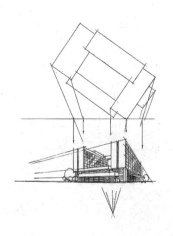

图 5-1 透视角度与视点的选择

　　合理地选择透视角度（建筑物平面与画面的夹角），是绘制透视图很重要的一步，角度选择的好与坏将直接关系到能否正确与合理地表达设计意图并取得良好的视觉效果，如图 5-2 和对应的图 5-3 所示。

　　一般情况下，建筑物的主面与画面的夹角较小（通常可控制在 30° 左右），这样建筑主面的透视消失现象就平缓，有利于表达建筑物的实际尺寸的形象。

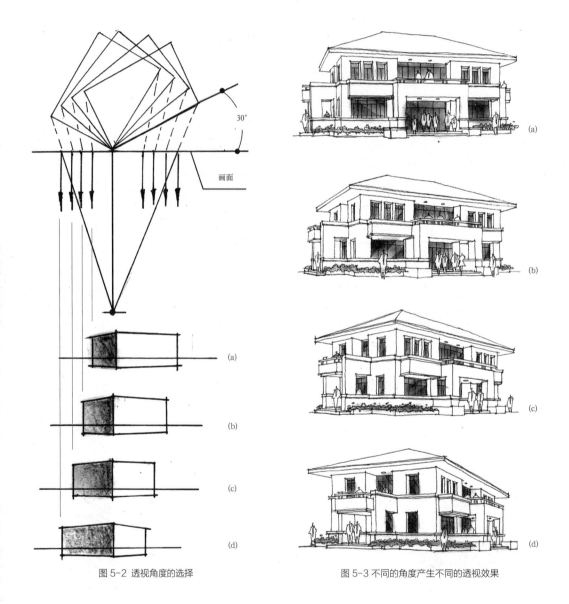

图 5-2 透视角度的选择　　　　　　　图 5-3 不同的角度产生不同的透视效果

　　选择不同的角度即会产生出不同效果的透视图，除了特殊情况外一般基本选择前两种，第三种主次难分，而最后一种有主次颠倒的感觉通常不宜选择，所以在选择透视角度时一定要做到心中有数。

　　但有时为了突出画面深远的空间感或表达建筑物的雄伟之感，我们也会选择建筑物主面与画面产生较大的夹角，使其有较急剧的透视变化，显得建筑物前的空间更为宽广，建筑物更为雄伟高大，如图 5-4 所示。

图 5-4 人民大会堂

5.2　透视视点的选择

　　透视视点位置的不同所画的透视效果也会不同。视点位置的确定主要由三个方向来控制，即前后位置、左右位置与上下位置。

　　其位置的选择通常还需要根据不同的建筑物和设计的表达意图，从而选择不同的视点位置。

5.2.1　视点前后位置的选择

　　视点（站点）离开画面的前后位置即为视距，视距越近视角就越大，当视角＞60°时所产生的透视就会失真，理想的视距应控制在 30°～40°之间，如图 5-5 所示。

　　对应两个不同的视距所产生截然不同效果的透视，如图 5-6 所示。

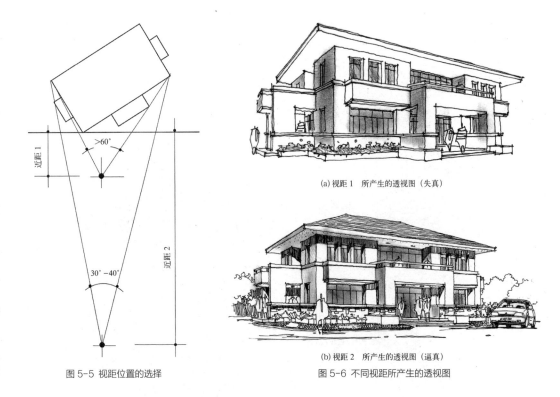

图 5-5 视距位置的选择

(a) 视距 1　所产生的透视图（失真）

(b) 视距 2　所产生的透视图（逼真）

图 5-6 不同视距所产生的透视图

5.2.2　视点左右位置的选择

　　视点左右位置的选择，首先应保证透视图有一定的体积感，也就是说在一个建筑透视图中至少应看到建筑物的两个面。

　　如何来保证建筑物的体积感，如果建筑物的平面与画面的关系不变，可将视点左右移动来获得体积。如图 5-7 所示，位于图中的 s1 视点（站点）时，已有一个灭点落在了建筑物体积内，所以只能看到建筑物的一个面而完全失去体积感。位于图中 s2 视点时，有一个灭点过于靠近建筑物也不能很好地表现建筑物的体积感。而图中 s3 视点的左右位置比较好，所得到的透视体积感较强。以上所讲的也只是一般的常见规律，有时，在某些特殊建筑的

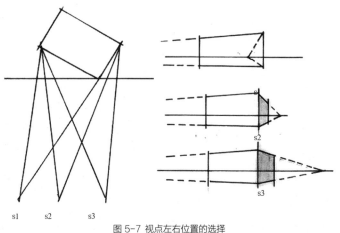

图 5-7 视点左右位置的选择

情况下视点位于 s1 时同样可以获得理想的透视效果，如图 5-8 所示，因为该建筑物的正面是一排立柱空廊，通过一个体积内的灭点，充分反映出其内部空间效果极好。

图 5-8 中国历史博物馆

5.2.3　视点高度的选择

　　视点高度位置的不同，在透视图中所产生的效果也是不同的，如图 5-9 所示，通常如图 5-9(a) 视点较低时，几乎接近地面我们称之"虫视"，也相当于我们躺在草地上观看。这样的视点所产生的透视图可以显得建筑物高大雄伟，例如，绘制纪念性建筑或者绘制低层小建筑时也可将视点降低至虫视。

　　如图 5-9(b) 视点为最常用的视点高度，通常为 1.5 ~ 1.6m，这一高度所绘制的透视图容易获得真实感，如图 5-10 所示的某医院门诊大楼。

　　如图 5-9(c) 视点比较高，远高于建筑物本身，在这种视点所产生的透视图我们又称之为鸟瞰图。

　　将视点提高有利于表现三维空间的建筑群体，一目了然地表达了

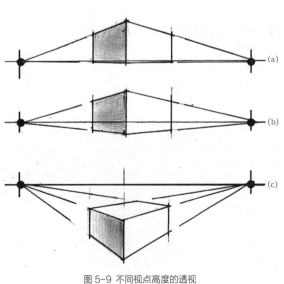

图 5-9 不同视点高度的透视

建筑物相互间的关系以及建筑群体与环境（道路、河流、广场、绿化等）的关系，如图 5-11 所示。

图 5-10 某医院门诊楼

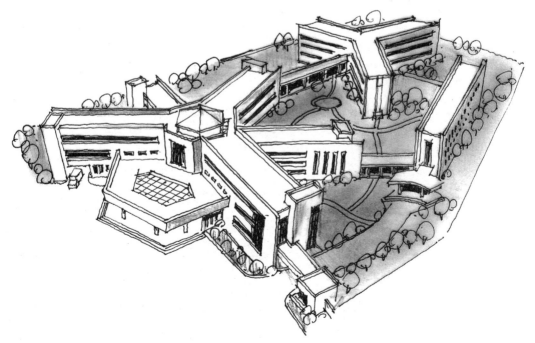

图 5-11 某医院鸟瞰图

5.3 透视类型的选择

　　一幅理想的表现图一定离不开合理选择透视的类型，针对不同的建筑与类型、不同的地形与环境的表现都需要进行不同透视的选择，较好地表现出真实的图面效果。

　　常用的建筑透视可分为：一点透视、两点透视、三点透视以及鸟瞰透视，鸟瞰透视其实是将视点提高，可以用两点透视来画也可用三点透视来画，下面分别介绍不同类型的透视以及如何选择。

5.3.1 一点透视

　　一点透视，它只有一组与画面相交的线会产生一个灭点，另一组与画面平行的线没有灭点仍与画面平行所以也称之平行透视，如图 5-12 所示。

　　一点透视的特点时能够清楚地反映出主要立面正确的比例关系，因为一点透视只有一个方向的透视，为了避免画面的呆板，图中的一个灭点位置一般不宜设置在画面的正中间，以画面位置的 1/3 左右为好，如图 5-13 所示。

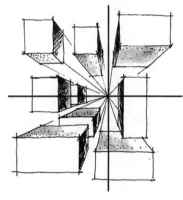

图 5-12 一点透视

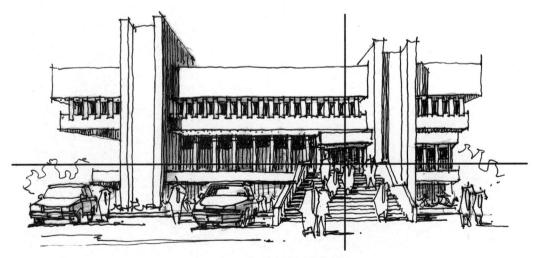

图 5-13 日本九州大学礼堂

但是当建筑物为对称时，其灭点会定在画面中央，进一步显示其对称性，如图 5-14
所示。

图 5-14 某会议中心连廊

一点透视在日常的民居写生中应
用也比较多，因为在狭小的民居弄堂
与小巷内，当我们正视前方时就会产
生出一点透视的现象，此时的灭点最
好设定在画面的 1/3 或 2/5 处为好，
如图 5-15 所示。

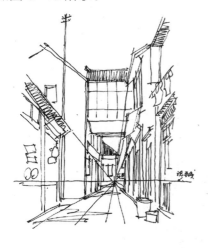

图 5-15 周庄民居

　　对于初学者来说透视概念还不强，不妨可试用一下透视纸的方法，把稍透明的画纸覆盖在透视纸上然后再作画，如图 5-16 所示。不过，这一方法只能在短时间内帮助建立透视的基本规律和概念，绝不能依赖否则离开透视纸就不会作画了。

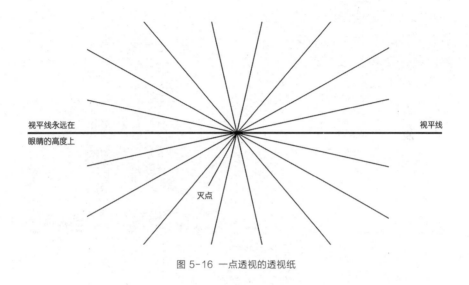

图 5-16 一点透视的透视纸

　　某商业一条街，两侧高楼林立需要反映其街景全貌也可通过一点透视给以表现，如图 5-17 所示。

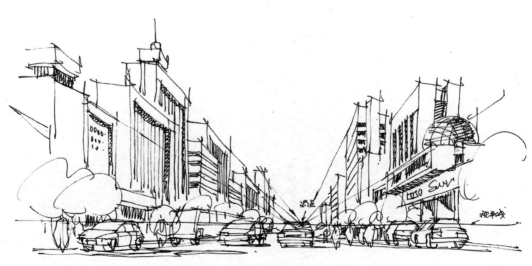

图 5-17 某商业一条街

5.3.2　两点透视

　　两点透视，它有两个灭点，也可看到两个墙面的透视，故又称之成角透视。透视图的效果也较为真实、自然，与相机所拍摄到图像的显像原理是基本相同的。所以，被广大设计师们所接受并广泛地运用到效果图的绘制中，如图 5-18 ～图 5-20 所示。

灭点 1　　　　　　　　　　　灭点 2

图 5-18 两点透视　　　　　　　　　　　　　　　图 5-19 某办公大楼

图 5-20 某商业综合大楼

　　对于初学者而言，在实际作画中两点透视可能比一点透视更为复杂一些，因为透视中有两个灭点和两组透视消失线，初学者是很容易搞错的，初学者最好还是利用两点透视纸来作画，如图 5-21 所示，但同样也不能依赖。

　　尤其，到了大自然中初学者最容易被两点透视中的两个灭点和两组消失线搞糊，建议利用透视纸作图，如图 5-22 所示。

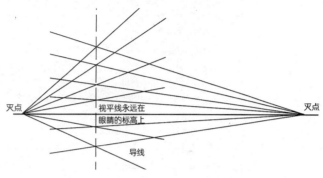

图 5-21 两点透视的透视纸

图 5-22 利用透视纸绘制的某宾馆两点透视

5.3.3 三点透视

　　三点透视的表现力很强，它除了左右两个透视灭点以外另外还有一个向上消失的"天点"或向下消失的"地点"。三点透视一般常用与绘制高层建筑和鸟瞰图，如图 5-23 ~ 图 5-26 所示。

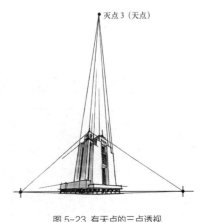

图 5-23 有天点的三点透视

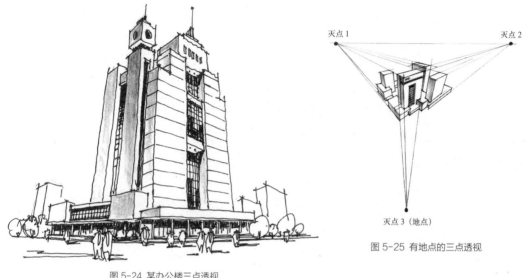

图 5-24 某办公楼三点透视

图 5-25 有地点的三点透视

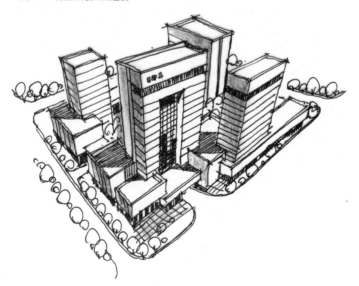

图 5-26 某综合楼群体建筑三点透视鸟瞰图

5.4　建筑透视的快速生成和简明作图法

　　建筑快题考试中的表现会占用很多时间,特别在建筑透视的绘制更花费时间。在 3 ~ 6 小时的快题考试中,建筑透视的绘制基本不会像建筑制图那样细腻地作图,否则时间无法保证。但是,快速作图也必须符合透视的基本规律,也必须有灭点、有视平线,所画的透视形体在感观上必须给人舒服逼真,否则也就达不到效果图的作用,如图 5-27 所示。

图 5-27 街头小筑

建筑透视的快速生成，首先有一个先决条件，那就是绘图者必须要熟练掌握视线法的透视投影特性和作图规律。

这里介绍的"简易视线作图法"又称"建筑师法"，其作图的原理与过程与"建筑制图"课或"建筑初步"课所讲的是完全一样的，简易作图法强调的是更简洁、更快速。

不管时间有多紧张，所绘制的透视图必须"比例协调、图形逼真"，有经验的建筑师在 3 ~ 5 分钟内寥寥几笔就能搞定一幅比例协调效果逼真的透视图，这与他们日常画得多已练就了一手目测观感的绝活密不可分。而对广大应试者来讲，只有通过平时的多练和简易视线法来确定建筑物相互间的高宽比例。

5.4.1 简易视线法的基本作图

快速作图"抢时间"很重要，视线法是需要建筑平面图的，在快速绘制中可以借用 1：500 或 1：200 比例的设计草图，首先画出建筑的形体，只有建筑的基本形体透视高宽比例准了才能保证整体比例协调。至于建筑的细部划分其比例可以凭自己的感觉控制，适当地放弃精度是为了节省时间，其作图步骤如下：

1）用视线法求得两点透视的灭点和建筑物各界面线在画面上的迹点平面位置

选择合适的站点，用视线法求作两个灭点的平面位置及建筑物各界面线在画面中的迹点的平面位置 m1.m2 和 a.b.c.d.e. 及 f，如图 5-28 所示。

为了作图方便，可以事先准备一长条小纸片（期中一条边必须平直）当画面线，用丁字尺从站点与各建筑物界面线作连线，或者准备一根皮筋，一端固定在站点上另一端依次求得建筑物各界面线与画面线迹点位置。

如果所求得各建筑物界面线位置过小不能满足透视图的大小时，可通过相似三角形原理放大，不过在放大时必须加上真高线同时放大，如图 5-29 所示，也可以通过分规或计算放大，不管用哪种方式放大切记真高线必须同时放大。

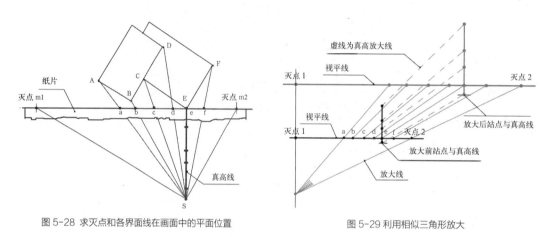

图 5-28 求灭点和各界面线在画面中的平面位置   图 5-29 利用相似三角形放大

2）确定基线、视平线、灭点和真高线即可作图

将求得合适的迹点 a.b.c.d.e.f 的同时也取得了灭点和真高，在此基础上确定基线与视平线即可作图，如图 5-30 所示。

其实快速作图的步骤与平时作图是一样的，这里不再强调。但为了作图便我们也可以先甩掉丁字尺，介绍用一根皮筋代替丁字尺徒手作图，这样速度会提高很多，如图 5-30、图 5-31 所示。

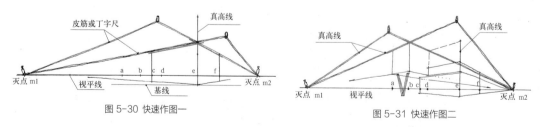

图 5-30 快速作图一   图 5-31 快速作图二

对于利用皮筋代替丁字尺的徒手作图其速度会快很多，但在考试之前必须有充分时间的练习才能做到熟能生巧。

3）建筑透视的细部绘制与配景

当建筑形体透视基本完成后，还是需要进行细部的绘制，前面已讲到为了速度可以适当放弃一点精度用目测观感绘制，或用透视的简明作图法绘制（学生时代还是运用简明作图法，该方法其后介绍），如图 5-32 所示。

有关配景，只要能起到对建筑尺度与环境的烘托即可，时间关系点到为止即可，如图 5-33 所示。

图 5-32 用简明作图法绘制细部

图 5-33 最后的效果图

最后，强调在绘制透视（或平立剖面）墨线正图时，建筑物最好还是用工具线条绘制，这样使得建筑物非常挺拔逼真，而且速度会快很多（比如画一条 10cm 以上较严谨的线条，工具线条肯定比徒手线条快，包括建筑透视的简明作图建议用工具线条）。

5.4.2 透视细部简明作图

1）外墙面门窗的划分
建筑形体透视基本完成后，对于建筑细部如门与窗等构件的划分在快速作图中，通常都运用简明作图法来完成，具体作图如图 5-34、图 5-35 所示，其作图步骤如下。
（1）首先量取建筑物正侧两立面中门与窗的宽度和位置，如图 5-34 所示，并将此位置线移至建筑形体透视真高线的顶端，如图 5-35 所示。

（2）过门窗线中的 b 点相连并延长至视平线相交得 k1 点，从而分别将门窗线上的 1.2……6 点与 k1 相连与建筑透视中的 ba 线相交并往下作垂直即各门窗界线。

（3）垂线的门窗界线与各门窗透视线相交，即得出各门窗透视。

（4）侧立面竖向窗画法相同。

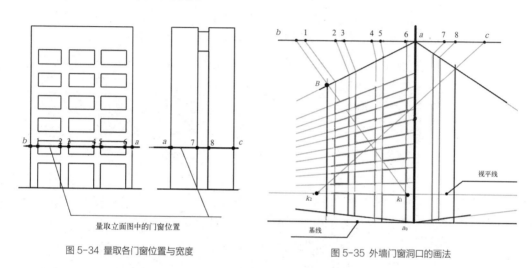

图 5-34 量取各门窗位置与宽度　　　　图 5-35 外墙门窗洞口的画法

2) 建筑界面的划分

在建筑透视中经常会碰到墙线条、大玻璃门窗等一些等距离线条的划分，而这些等距离线条有奇数和偶数的，在此，介绍两种较快捷而简便的方法。

（1）界面的任意等分

已知矩形 ABCD，在图形的左右方向求三等分，其作图步骤如图 5-36 所示：

①首先在 ab 垂线上取三等分 1.2.3，过 3 点与左下角的 d 相连得 d3 连线。

②过 1 和 2 点往灭点 m 作连线与 d3 斜线相交得 e 点和 f 点。

③过 e 点和 f 点作垂线（红线）与矩形上下界线相交，即完成矩形三等分的划分。

（2）界面的对称两等分划分

已知条件同上，在 ABCD 矩形上求对称两等分，其作图方法有两种，如图 5-36 虚线所示。

其一（与上述方法相同）：

①首先在 ab 垂线上取二等分，过 2 点与左下角的 d 相连得 d2 连线。

②过 1 点往灭点 m 作连线与

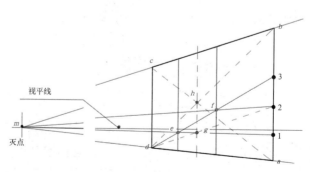

图 5-36 建筑界面的划分

d2 斜线相交得 g 点。

③过 g 点作垂线（红虚线）与矩形上下界线相交，即完成矩形对称两等分的划分。

其二：

①过 $abcd$ 点作对角线得 h 交点。

②过 h 交点作垂线与矩形上下界线相交红虚线所示，该红虚线即等分了矩形的对称两等分（如作图准确其两种方法解图可以完全重合）。

3）辅助灭点法

在绘制透视时，当一个主向灭点落在图板以外时，对于初学者来讲会感觉比较麻烦，此时可以通过辅助灭点法来绘制建筑的两点透视。这类方法较多本章节主要介绍心点法和真高法来快速绘制两点透视。

（1）心点法

如图 5-37 所示，利用心点的一点透视，从而求得 AB 直线的透视，作图如下：

①过 a 点作垂线与画面线相交得 e 点，并引入画面得 E_0 和 e_0。

②分别过 E_0 和 e_0 向心点 K_0 透视得 A_0 与 a_0，A_0B_0 和 a_0b_0 即 AB 直线的透视。

（2）真高法

利用建筑物的真高来求得 AB 直线的透视，如图 5-38 所示，其作图如下：

①过 a 点作站点 s 点与灭点 f_1 的平行线与画面线相交得 g 点。

②过 g 点作垂线得真高线 G_0g_0（凡是与画面相交的线均为真高线）。

③分别过 G_0 和 g_0 点向灭点 f_1 透视得 A_0 与 a_0，A_0B_0 和 a_0b_0 即 AB 直线的透视。

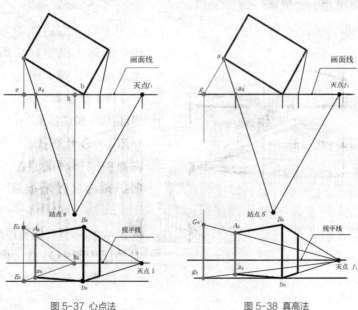

图 5-37 心点法　　　　图 5-38 真高法

第6章 Building Sketch
建筑速写

 建筑速写，顾名思义是以简单而又快速的手法来表达景物，如图 6-1 所示。建筑速写也是训练学生在方案设计构思与快速表达的一种理想的手段。成熟的建筑师们都会用快速手法来勾画自己的设计草图和效果图，同时也必须具备这样的快速表现的能力。作为一名临毕业的学生即将参加各类的快速考试，同样也必须具备这样的快速表现的技能。

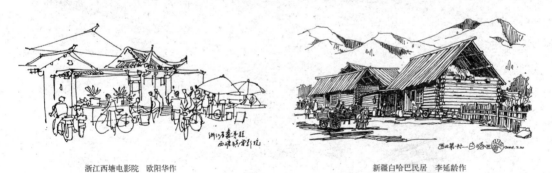

浙江西塘电影院 欧阳华作   新疆白哈巴民居 李延龄作

图 6-1 建筑速写

6.1 建筑速写与设计的关系

 在讲建筑速写与设计的关系前，我们首先要搞清楚无论是建筑方案设计，城市规划方案设计还是园林景观方案设计，都离不开一个快速的构思与草图勾画的过程，这也是方案设计最关键的阶段，就需要用钢笔的徒手绘图技能。

 作为一名初学设计的同学如何将自己的构想较准确地勾画到平面图上来，会有一定的难度也没有什么捷径，唯一的方法就是通过建筑速写的训练来掌握和提高自己手头对所描绘景物形体的把控，建筑速写的练习越多对景物形体、尺度的掌控力就越高。只要坚持速写练习久而久之就能快速地勾画方案设计的草图，这就是建筑速写与设计的关系。

6.2　建筑速写的作图要领与步骤

6.2.1　速写的作图要领

　　其实，建筑速写从速写作图在时间上来讲可分为"快速"和"普通"两种类型，这两种类型的画法与效果也是不一样的，如图6-2、图6-3所示。

图6-2 上海陆家嘴建筑群快速勾画　　　　　　　　　　　　　　　图6-3 上海陆家嘴建筑群

　　前图，看似寥寥几笔，但需要作者对建筑物的审视有高度的概括能力和定型能力，由于时间的关系虽然对建筑物中很多细节给予了省略，但整体的效果更艺术。

　　对于初学者而言不提倡立即使用"快速"的画法。如图6-3所示，同样是上海陆家嘴的建筑群，这种"普通"类的画法更适合我们的初学者。

　　钢笔徒手在户外速写对于一名初学者来讲，确有一定的难度，往往会不知所措也无从下手。要想画好建筑速写，首先应该了解建筑速写的作画要点，只有做到心中有数才能放下顾虑悉心作图。建筑速写的要领通常需要从以下几个方面考虑：

　　1）观察：细心观察从整体到局部，且快速敏锐。

　　2）分析：加强主题意识，以少胜多、舍取结合。

　　3）构图：整体着眼，意在笔先、艺术构图。

　　4）下笔：先主要的后次要的，做到心中有数。

　　5）运笔：心要静、手要松、一气呵成。

　　6）线条：尽可能做到线条流畅有顿挫。

　　万事开头难，只有当我们慢慢熟悉并掌握这些要点才会熟能生巧，一个著名的建筑师或画家他们同样都会有这样的一个过程，只有通过反复的训练才能快速绘制理想的速写作品。

6.2.2 速写的基本步骤

对于一个初学者来讲，户外的建筑写生确实会有点无从下手，通常，可以参照以下基本步骤进行。

我们将其分为"动"与"静"两个大步骤和六个小步骤。

1）动态步骤

（1）观察：对所需要绘制的景物四周环境进行环绕性观察，了解其前后、内外关系，并加以综合分析，如图6-4所示。

（2）取景：在仔细观察和分析的基础上确定画面的主体对象，从不同的角度进行不同的取景和比较，从中选择最能反映表达意图的景物与环境。

（3）构图：针对所确定的景物，在画面上如何表达？如何布局？其中还需要考虑周围景物的舍取等问题。

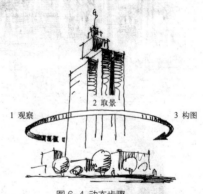

图 6-4 动态步骤

2）静态步骤

在动态步骤的基础上，接着就是相对静态的作画步骤，如图6-5所示。

（1）轮廓：起稿，画主体景物的基本轮廓，同时确定视平线与景物的透视关系，比例与透视是轮廓阶段中最为重要的两点。

（2）细部：在此基础上对景物中的各细部进行刻画，如建筑中的门、窗、屋顶等各构部件进行刻画和周围的环境的勾画。

（3）深化：对景物的整体与局部、主体与环境作进一步刻画与调整，如画面的重点与虚实处理，光影的效果处理以及细部的修饰与调整。

对于"动态"部分就不在此展开，而对于"静态"部分的步骤就是在室内临摹他人范图时也需

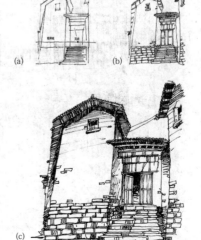

图 6-5 静态步骤

要同样的步骤。

① 轮廓

在起稿画轮廓线时，最主要的还是比例与透视，当我们完成"动态步骤"以后，就可以选择合适角度坐下来了。首先，要找到自己作画的视平线和灭点并在画面上起稿，然后确定建筑物主要墙面的长宽比例及透视规律，如图 6-6 所示。

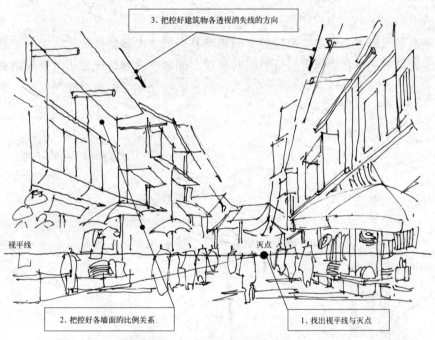

图 6-6 轮廓线中的视平线与灭点

这一步骤哪怕是临摹范图也应该认真分析，应首先在范图中找出的视平线和灭点的位置，从而把控好建筑物墙面不同的比例和透视消失线。

② 细部

在轮廓基本准确的前提下，就可以进行建筑物的细部勾画，如图 6-7 所示。

③ 深化

在细部的基础上对画面细部作深度细化，并添加阴影和修饰，如图 6-8 所示。

图 6-7 对建筑群体的细部刻画

图 6-8 进一步深化细部与添加阴影

　　青岛基督教堂建筑，其速写"静态"步骤也分三步，如图6-9所示，该速写在建筑物形体中并没有施加光影明暗效果，但在门窗暗部和建筑物局部略加黑色也能展现较好的效果。

1. 确定视平线，勾画基本轮廓，把握好透视

2. 在轮廓线基础上，勾画建筑各构件细部

3. 在细部的基础上略加门窗内暗部和大钟的黑色

图6-9 青岛基督教堂建筑速写步骤

6.3　建筑速写范图赏析

　　一幅表现较为成功的建筑速写，是经过作者的精心设计以绘制的。首先，要做到意在笔先和良好的构图，同时，还必须保证比例和透视等方面不出问题，并且能灵活运用各种线条对景物进行必要的概括与舍取，以及充分利用光影的关系以增加画面的趣味与生动，如图 6-10 ~ 图 6-26 所示。

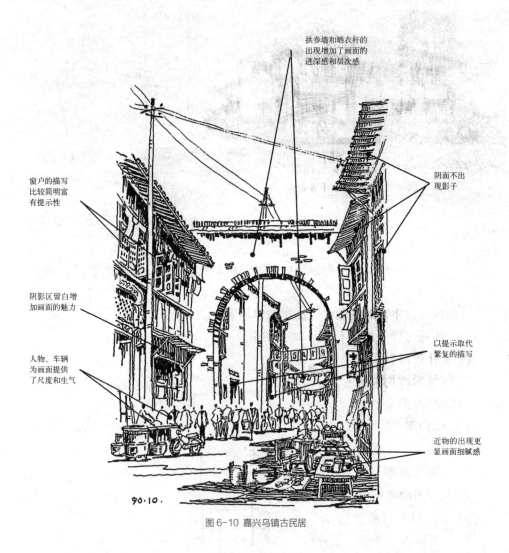

图 6-10 嘉兴乌镇古民居

　　分析与临摹是一种非常重要的学习方法，通过临摹，关键还是要多分析、多琢磨，搞清楚范图的精华所在和用笔之巧。

以提示取代从头到尾的繁琐的描写是有效的

为使画面更加生动、有活力，应在黑区中留白

出挑物及其阴影的对比造成深度感

阴影在规定物体的形状上是十分重要的

人物为画面提供尺度感和趣味感

图 6-11 繁忙的老街

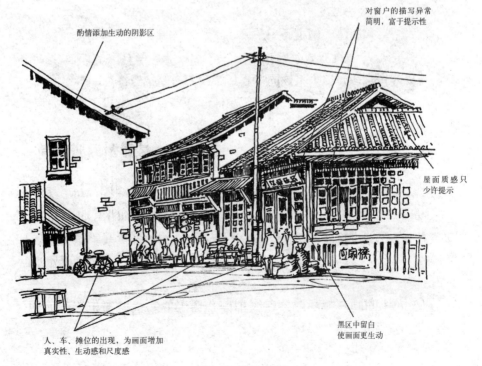

酌情添加生动的阴影区

对窗户的描写异常简明，富于提示性

屋面质感只少许提示

黑区中留白使画面更生动

人、车、摊位的出现，为画面增加真实性、生动感和尺度感

图 6-12 乌镇应家桥头

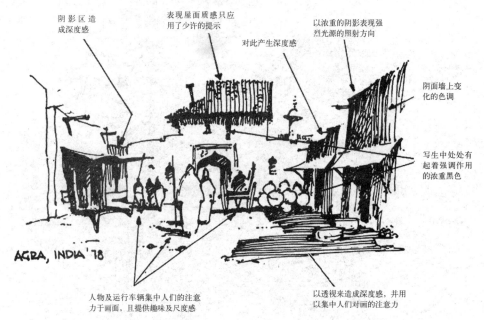

阴影区造成深度感

表现屋面质感只应用了少许的提示

对此产生深度感

以浓重的阴影表现强烈光源的照射方向

阴面墙上变化的色调

写生中处处有起着强调作用的浓重黑色

AGRA, INDIA '78

人物及运行车辆集中人们的注意力于画面，且提供趣味及尺度感

以透视来造成深度感，并用以集中人们对画的注意力

图6-13 （美）罗伯特 · 奥利弗

强烈的深色增加了立体效果于阳光感

阴面墙上也应该有色调变化

水产商店
SHUEHAN MEHAN

电线杆和晒衣杆的出现，增添了画面的进深与层次

近物的出现更显画面细腻与亲切

人物的绘制要强调透视效果

图6-14 杭州卖鱼桥民居

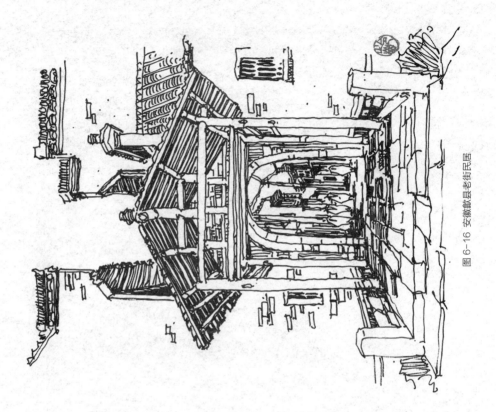

图6-16 安徽黟县老街民居

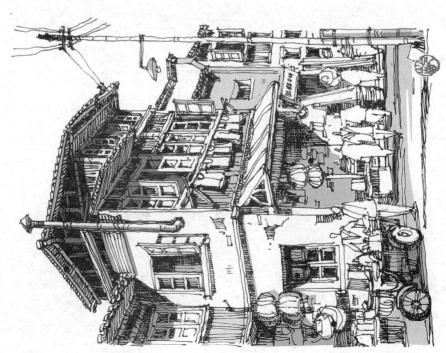

图6-15 安徽黄山民居

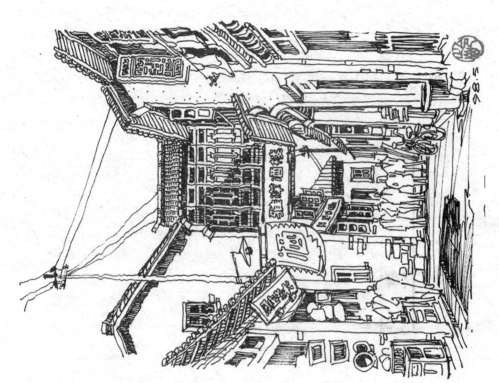

图 6-18 周庄民居雅洋酒楼

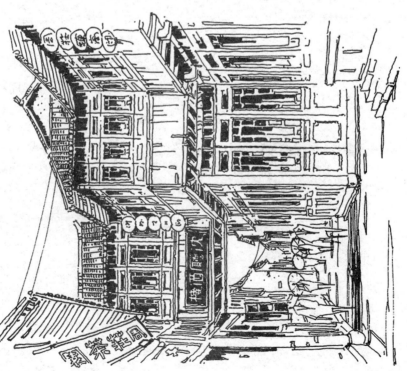

图 6-17 周庄民居沈厅酒楼

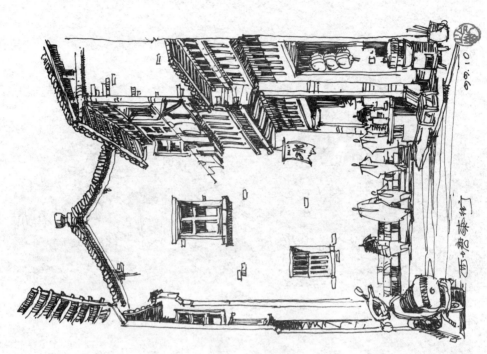

图6-20 嘉兴西塘老街民居

图6-19 杭州留下老街桥头民居

图 6-21 新疆维吾尔族民居

图 6-22 安徽屯溪老街民居

图 6-24 欧洲小镇老街（深圳华阳国际工程设计股份有限公司唐志华总建筑师、副总裁绘制）

图 6-23 理坑古镇民居小巷（深圳华阳国际工程设计股份有限公司唐志华总建筑师、副总裁绘制）

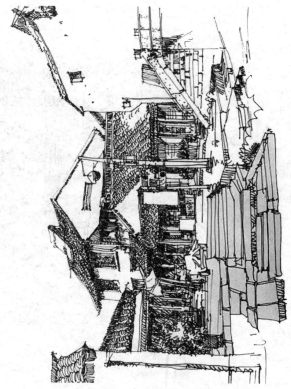

图 6-26 江南民居（深圳华森建筑与工程设计顾问有限公司王晓东总工绘制）

图 6-25 旧时重庆记忆（深圳华森建筑与工程设计顾问有限公司王晓东
总工绘制）

6.4　彩色速写

　　彩色速写在我国流行的时间并不长，但很快就被广大美术爱好者和建筑师们所接受。
　　彩色速写的最大特点是在钢笔速写的基础上略施一点颜色，进一步加强了建筑的空间效果与艺术魅力，如图 6-27 所示。

图 6-27 安徽渣济民居

6.4.1 彩色速写的工具、材料与表现要的

1）彩色速写的工具和材料

    彩色速写的绘图工具，首先还是以钢笔为主要的画笔，在此基础上可以根据不同的上色情况来确定其他上色材料。

    上色材料种类较多如：水彩、彩铅、粉画棒、马克笔等等，从目前快题考试的快速表现情况来看以彩铅或马克笔＋彩铅为多，见图 6-28。

图 6-28 方案设计的快速表现

    目前，确有不少初学者问到彩铅和马克笔的着色以哪个为主？这一问题还是要看各人所掌握彩铅和马克笔着色的习惯与能力有关，通常，建筑、城规、园林景观专业属非艺术类学生，在快题考试中以彩铅为主略加马克笔，但主要还以个人情况而定。

    有关速写的用纸，除水彩着色必须用水彩纸以外，彩铅与马克笔着色基本上可选不小于 80g 的绘图纸和复印纸。同时，选用一种有颜色的色纸（也可用水彩纸自己平涂一个颜色），在色纸上进行彩色速写又会得到一种别样的效果，如图 6-29 和图 6-51、图 6-52 所示。

图 6-29 色纸彩色速写（美）罗伯特·奥利弗

2）彩色速写的表现要的

（1）强调色彩机能，增加画面效果

　　充分应用色彩机能和发挥色彩在速写时对光影和环境气氛的烘托，利用好这些关系将给速写带来极大的方便和好处，因为，不同的色彩会有不同的明度，也会给人不同的感受。例如，色彩的冷暖会给视觉带来距离感、重量感以及膨胀感与收缩感等等。因此，在钢笔勾画时就可以省去一些对光影和环境描绘的线条，而且对于一些非重点部位可用和谐淡雅的色彩一带而过，如图 6-30、图 6-31 所示。

图 6-30 古北水镇（1）

图 6-31 古北水镇（2）

(2) 色调和谐统一，主题重点突出

  建筑速写由于受到时间和画幅的限制，同时，又需要有高度的概括和提炼，所以在色调的统一性上要求更严，色彩应和谐统一突出主题，如图 6-32、图 6-33 所示。

图 6-32 新疆白哈巴

图 6-33 青岛基督教堂

图 6-34 威尼斯圣母永福教堂

图 6-35 法国乡村民居

图6-37 重庆山城民居

图6-36 安徽西递民居

图 6-38 安徽卢村民居

图 6-39 山寨民居

图 6-40 北京火车西客站

图 6-41 杭州西溪茗苑

图 6-42 西藏布达拉宫

图 6-43 某别墅方案效果图

图 6-44　上海外滩 2002 全景鸟瞰

图6-45 杭州黄龙饭店

图 6-46　德国多瑙河畔雷根斯堡古城

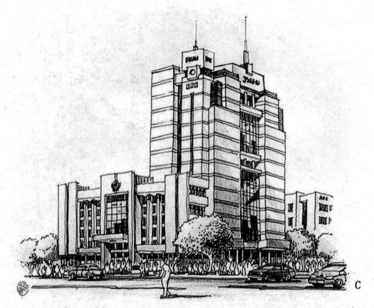

图 6-47 杭州萧山公安综合楼

图 6-48 衢州九华山庄

图 6-49 某酒店入口

图 6-50 某酒店大堂

6.4.2　彩色速写习作

图6-52 周庄老街

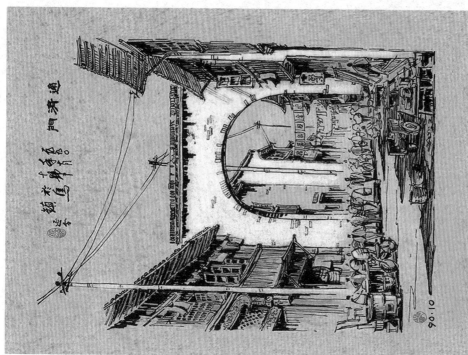

曾获1991.全国建筑速写大赛一等奖
图6-51 乌镇西栅老街

第7章 Performance in Different Stages of Scheme Design
方案设计不同阶段的表现要点

　　无论是建筑设计、城市规划设计还是园林景观的设计它都有一个方案设计的过程，而方案设计在整个设计过程中起到至关重要的作用，又处在整个设计过程的最前面。只有方案设计完成后方可进行后续的各种阶段不同工种技术的设计。

　　就方案设计的表现阶段而言可分为：前期阶段的考察调研性表现、构思创作阶段的推敲性表现，以及后期阶段的展示性表现，不同阶段的表现也会有不同的要求。

7.1　前期阶段的调研性表现与表现要点

　　方案设计的前期，工程设计人员都会进行大量的考察与调查研究，包括现场踏勘、周围环境的调研、同类建筑的参观以及图文资料的查阅与勾画等等。对于一个在校的学生来说也不例外，当我们在课程设计的前期也必须进行一定的参观调研。

　　这些工作的展开就会产生出不同的调研性表现，如实例性建筑的调研表现和图片性资料的勾画表现。

7.1.1　实例性建筑的调研性表现与要点

　　虽然，在高科技时代的今天，设计考察调研都已经采用数码相机和摄像视频，但是在考察调研过程中还是会碰到一些内容是无法拍摄或拍摄的调研效果不佳的情况，如对于建筑物外墙的细部做法与尺寸标高等。如图 7-1 所示，这是一个地中海风格的住宅小区的门亭。只有通过这些实例性建筑的勾画并标注上具体的细部做法、尺寸标高以及简要的文字说明，才能达到良好的第一手调研资料，这是数码相机无法比拟的。

　　在参观调研的过程中，我们还时常会碰到一些建筑的平面布局与功能流线等内容，对

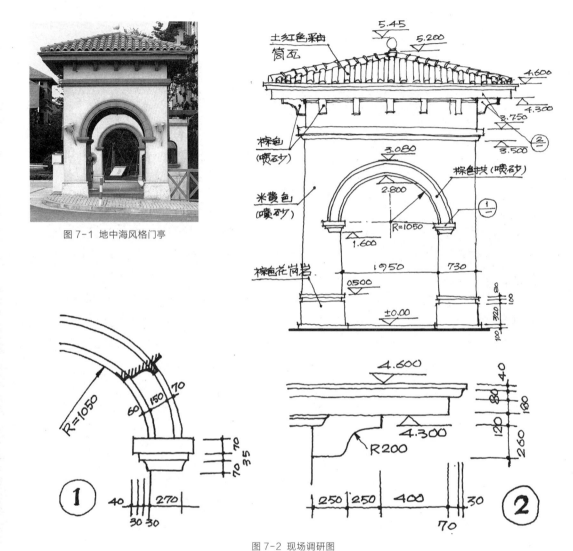

图 7-1 地中海风格门亭

图 7-2 现场调研图

于这些内容在调研中是无法用相机拍摄的也无法用文字描述的，用笔勾图则一目了然，如图 7-2、图 7-3 所示。

表现要点

对于这些现场的实例建筑的表现应注意以下要点：

（1）从勾画平面与立面与剖面图的顺序上来讲，与制图课画图顺序是一样的。不同的是现场没有图板与丁字尺和三角板，希望准备一本硬质封面速写簿并保持良好的心情，徒手作图千万不要紧张。

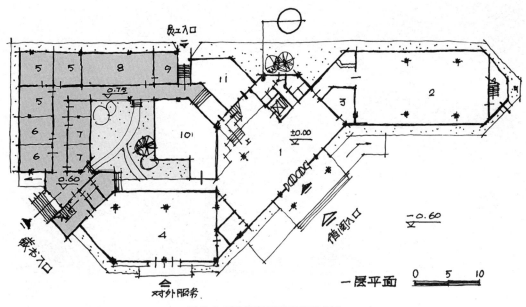

图 7-3 某建筑调研平面图及流线图

（2）徒手勾画的线条宁可局部小弯但求整体大直，线条要流畅，比例尺度一定要准。

（3）在勾画平面图时对墙体可以单线表示，窗户可不画，内外门也可以画一粗直线表示。对于各房间名称在图中可用编号代替。

（4）对于主要的尺寸和标高必须标注清楚（如不注尺寸就必须标注相应的比例），

若有详图的其细部做法可用文字标注，详图中的尺寸与标高也必须标注并标注出相应的详图索引号。以下平面图中由于有地势高差该平面设计标高也就不同，为了清楚地反映其高差故在平面图有高差的空间用不同的灰色给予区分。

7.1.2　图片性资料的勾画表现

图片性资料的收集调研与勾画也是方案设计前期较为重要的一项内容。

这些资料的收集与勾画，从印象效果来讲现代的复印、扫描和拍摄手段是无法比拟的，正因为这些资料是通过自己一笔一笔地勾画，并加以一定的文字注解和说明，可以说它是永久性地印刻在自己的脑海。

这样的资料收集方式对于在校的学生是非常好的也非常实用，既收集了资料也提

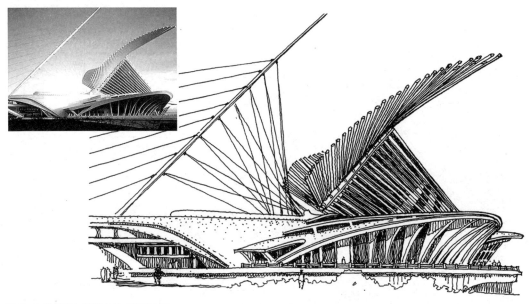

图 7-4 美国密尔沃基市美术馆及注解

　　该建筑为美国密尔沃基市美术馆，由西班牙著名建筑师圣地亚哥·卡拉特拉瓦设计。

　　首先，设计师将建筑物与林肯大道的斜拉桥进行了有机结合，把人们的视线直接引入主体建筑。

　　主体建筑的造型设计充分发挥了钢筋混凝土材料的特性和当时的先进科技以及施工技术，有机地将巨大的双翼般会随着太阳光而转动的百叶设置于建筑物顶部，跟随着阳光变化而转动，在有效地遮挡了阳光的直射同时保住了展品的最佳展出效果。

　　在保证建筑功能的前提下又较好地显示出建筑物的灵动感，该建筑被誉为世上"最具生命的展览馆"。

高了自己的钢笔徒手画技能。在课程设计开始总觉得心里不踏实时常会跑图书馆，希望能坚持多跑图书馆与资料室查阅相关的建筑资料并以图文并茂的形式将其勾画与记录下来（平立剖、透视图均可），日积月累所得到的是一份无价的、印象深刻的建筑资料，从而也大大提高了徒手作图能力和建筑审美能力，为课程设计的前期做出了良好的调研工作，如图 7-4 所示，美国密尔沃基市美术馆及注解文字。

　　其实，图片资料的勾画这一内容对于在校学生来讲是非常重要的，坚持每周勾画 1～2 张图片资料，一个月、一学期、一年下来不仅在课程设计前期收集了大量的相关的图片资料，同时也为钢笔手绘技能打下了殷实的基础。

　　所以，在训练和掌握钢笔徒手画时，对图片资料的勾画是一项非常行之有效的方法，如图 7-5 ~ 图 7-14 均为根据图片资料勾画的钢笔图。

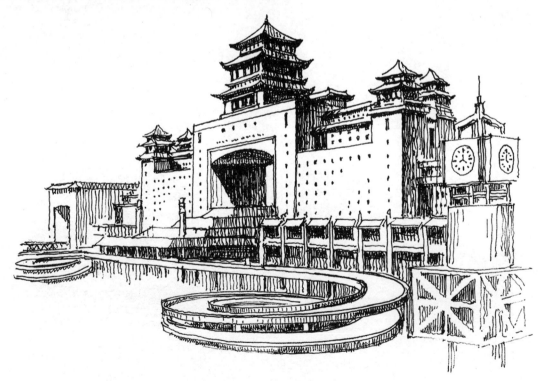

图 7-5 北京火车西客站

图 7-6 悉尼歌剧院

图 7-7 福建南平老人活动中心

图 7-8 广西桂北依山而筑吊脚楼

图 7-9 北京国家大剧院

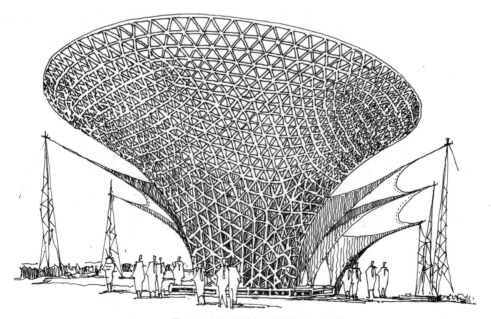

图 7-10 上海世博会钢架结构的"阳光谷"

图 7-11 美国密尔沃基市美术馆

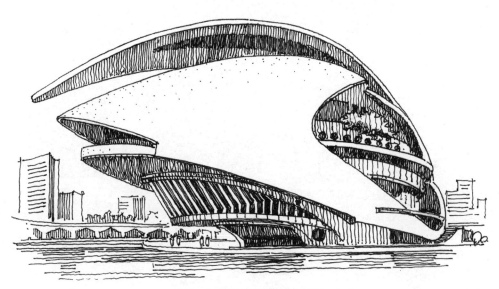

图 7-12 西班牙瓦伦西亚皇后大剧院

图 7-13 德国商业街（线描）

图 7-14 上海外滩建筑群

表现要点

（1）首先抓住该建筑的特点（包括平面组合特点，造型艺术特点等），突出主题地将其表现出来，对于平立剖面与透视图是否都要表现？可根据需要进行选择，一般情况下图书资料中以建筑透视图为多。

（2）表现形式可以根据个人的表现技能与喜好来决定，一般以单线和排线为多。

（3）在勾画图时一定要注意相应的比例、尺度和透视，否则达不到应有的效果。

（4）文字表达可根据资料收集的需要撰写，通常，记录该建筑的规模面积，结构形式以及建筑物的造型特点和最吸引你的眼球之处等等，尽可能地明确而简洁。

7.2　构思阶段的推敲性表现与表现要点

虽然，建筑设计早已进入了计算机辅助设计的年代。但是，在建筑方案设计过程中的构思与推敲阶段还是离不开徒手勾画与推敲性的表现。

　　因为，建筑的创作设计是一个比较复杂的创作过程，设计者需要快速捕捉设计形象并再三考虑建筑形象与建筑功能的有机结合，心手脑三者并用，以最快的速度，最简洁的线条来表达建筑设计的构思与立意思想。

　　在第一草图出现以后，随着设计构思与建筑功能的不断融入，第一草图也会不断地被修改和比较。就这样一次又一次的推敲与比较使得建筑方案逐渐成熟，所以说在这一阶段的表现可谓建筑方案设计过程中最关键的一个环节，如图 7-15 所示。

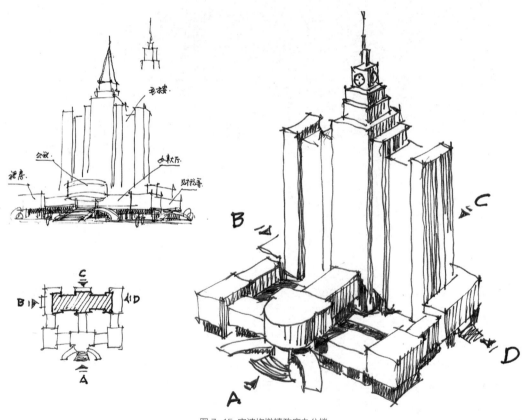

图 7-15 宁波坎墩镇政府办公楼

　　建筑创作设计过程中的推敲性表现，不能把它看成是一个简单的艺术表现，在这些表现中的每一笔都与建筑功能、建筑结构、建筑材料以及建筑施工相关联，其技术含量还是比较高的。哪怕是国外顶尖的世界级建筑大师，以及国内著名的建筑大师他们都非常重视方案的构思与推敲阶段，并为后辈留下可贵的推敲性表现草图，如图 7-16 ~ 图 7-19 所示。

图 7-16 丹麦建筑师约恩·伍重，悉尼歌剧院草图

图 7-17 法国建筑师勒·柯布西耶，朗香教堂草图

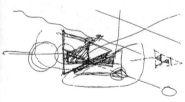

图 7-18 美籍华人建筑师贝聿铭，华盛顿国家美术馆东馆草图

图 7-19 德国建筑师门德尔松，爱因斯坦天文台草图

著名建筑大师、中国工程院院士陈世民先生的方案设计草图，如图 7-20 所示。

南海酒店（蛇口）

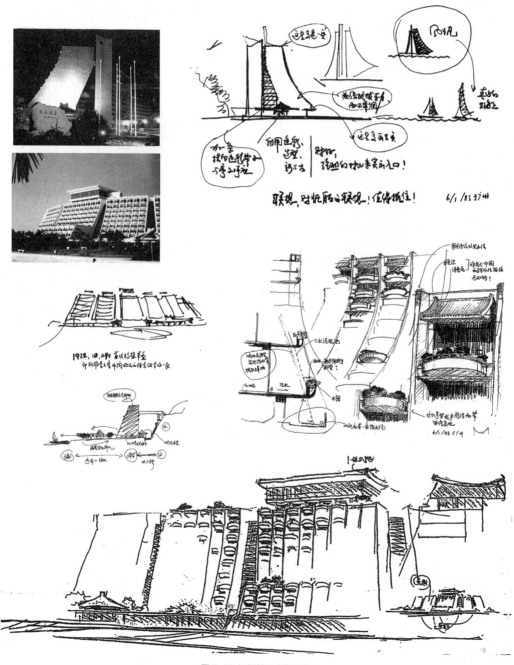

图 7-20　深圳蛇口南海酒店

　　著名建筑大师、中国科学院院士彭一刚先生建筑方案设计工作草图，如图 7-21 所示。

甲午海战纪念馆（威海）

实景

平面图草图

透视草图

图 7-21 中国科学院院士彭一刚设计工作草图

著名建筑大师、中国工程院院士程泰宁先生的建筑方案设计工作草图，如图 7-22 所示，上：杭州火车站、中左：杭州解百商城、中右：加纳国家大剧院、下：浙江美术馆。

杭州火车站等

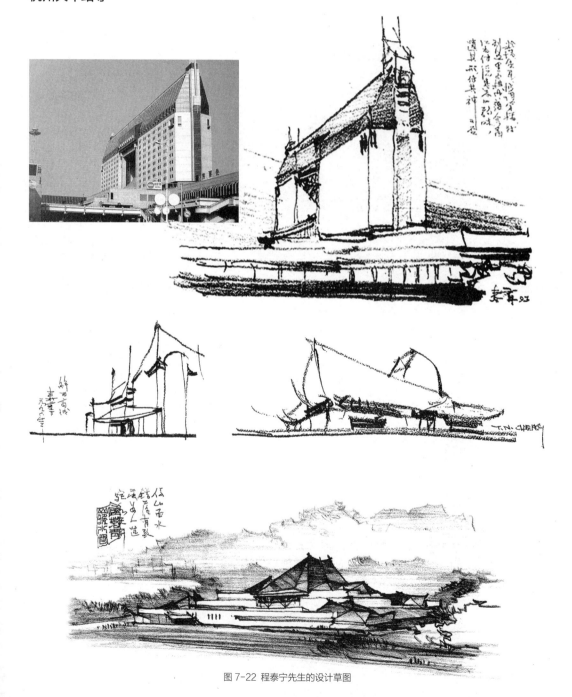

图 7-22 程泰宁先生的设计草图

宁波慈溪画院建筑

　　该建筑是在原有两栋建筑基础行加建改造的，两栋建筑左右间距 14m，本方案在 14m 处加建独立体作为画院主入口并在二楼设置大展厅，画院的其余展厅及用房均设置在原有建筑内。

　　经过五家设计院的招投标，该方案为实施方案。

宁波慈溪画院实景

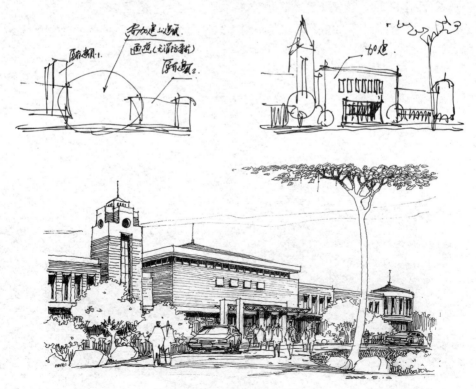

图 7-23 宁波慈溪画院方案草图

表现要点

（1）该阶段的表现完全是方案设计手心脑并用，构思与推敲全过程的一个反映。

（2）该阶段的表现肯定会随着设计思路的进展和迂回出现一定的"涂鸦式"的表现，这是很正常的也会反复出现，正因为有了这些反复的涂鸦才使得设计方案逐渐成熟。随着设计方案的成熟其徒手表现草图的线条也会逐渐清晰而肯定。

（3）在构思与推敲表现草图的过程中，虽然会有出现一些涂鸦的过程，但是在涂鸦的表现过程中还是必须严格把控建筑物的整体比例与尺度。

（4）对于构思与推敲的草图，在重点的地方均可以用文字、数字或符号进行标注。

7.3   后期阶段的展示性表现与表现要点

后期阶段的展示性表现主要是为了该阶段设计成果作出讨论与汇报而用。但是随着计算机绘图的不断普及与使用，这些方案设计的后期效果图表现基本都用电脑绘制。但对于应届毕业生在就业或考研的同学来说，都需要有一个快题的考试过程，在 3 至 6 小时的快题考试中，方案设计后期的展示性表现是必不可少的。所以，该阶段的后期表现对于在校同学还是很有必要的，也只有通过平时的不断练习与提高方可应对快题考试中的那些效果图表现，如图 7-24 ~图 7-31 所示。

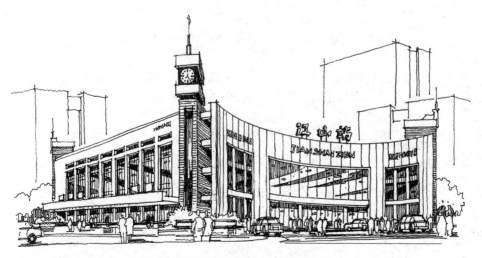

图 7-24 某县级市客运汽车站方案设计后期展示性表现

如图 7-25、图 7-26 所示，均为某中学教学楼方案设计阶段性表现，教学楼表现选择一点透视来表达教学楼建筑，视平线控制在 1.5m，视觉中心都选择在教学科的入口，并于画面的 1/3 处和 2/5 比较好地反映了教学楼的造型特征，也反映了周围环境。

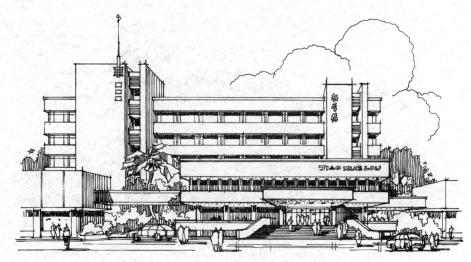

图 7-25 某中学教学楼方案设计阶段性表现

图 7-26 某学校建筑方案设计阶段性表现

如图 7-27 所示，某区体育馆建筑的方案终结阶段的表现，选用了两点透视，视平线高度为 1.5m，但背景建筑却采用了立面图的方法给以表现，更加突出主体建筑的立体效果。

如图 7-28 所示，某长途客运站建筑的方案终结的表现，选择了一点透视其视点以画面 2/5 的售票厅为中心，较好地反映出售票、候车厅与综合办公等车站建筑的特点。

图 7-27 某区体育馆建筑方案设计阶段性表现

图 7-28 某长途汽车站方案设计阶段性表现

　　如图 7-29 所示，某综合商业广场建筑的方案终结阶段的表现，同样也选用了一点透视，而且视点位置在画面的最右面，视平线高度为零。

　　高层建筑的幕墙玻璃以反射周边的建筑为主，天空以画斜向条云来表现。这样的选择都是为了方便画图，以及更体现出大楼的高耸之感，整体效果良好。

图 7-29 某综合商业广场建筑方案设计阶段性表现

如图 7-30 所示，某综合大楼建筑的方案终结阶段的表现，选用两点透视，其主视点位于画面中央，能较好地反映处于道路十字路口的建筑主体和道路两侧的环境。视平线高度仍选择 1.5m，这一高度比较方便人物与汽车的配景。

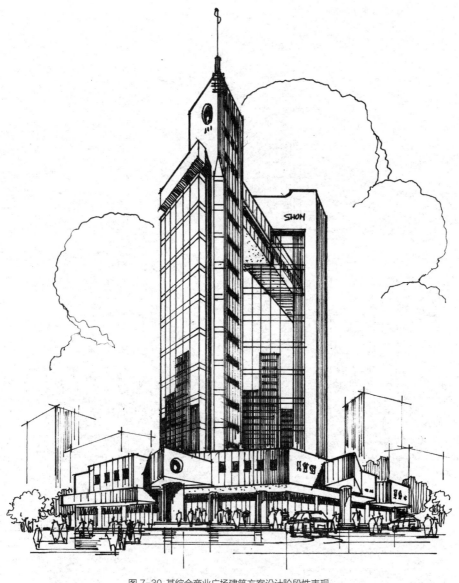

图 7-30 某综合商业广场建筑方案设计阶段性表现

　　如图 7-31 所示，某山地酒店的大堂部分的方案终结表现，大面积的树木采用线描的形式勾画，而建筑背后的树木却勾画一定的层次从而突出建筑物主体。

图 7-31 某山地宾馆终结阶段的表现

表现要点

　　（1）后期的展示性表现主要目的还是供给他人审阅与展示，所以，在绘制设计方案效果图时透视比例一定要准，并且还需要绘制一定的配景，以逼真的效果展示给他人。

　　（2）在绘制配景的同时一定要尊重地形地貌，反映真实的环境与气氛，做到建筑与环境的协调，如：宁静与温馨环境中的住宅建筑、环境如画中的园林建筑、车水马龙环境中的商业建筑，不同功能的建筑都会有不同的配景。

　　（3）但在快题考试中绘制配景只能点到为止，千万不要在环境配置上花太多的时间，以避免出现画蛇添足和喧宾夺主的现象。

　　（4）快题考试中的效果图最主要的还是钢笔透视的建筑形象一定要好（其中包括透视的角度、视平线的高低、钢笔线条的运用等问题），可以说钢笔透视图好了其效果图的成功率已达 60%。至于着色的问题，对非艺术类同学来讲主要还是利用不同的灰色将建筑的明

暗与空间关系表达出来，并适当地作一定的环境渲染即可。当然，对于色彩掌控能力较好的
同学，可以在考试时间允许的情况下进一步深化，如图 7-32 所示。

图 7-32　马克笔快速表现的效果图

第8章 Questions That Should Be Paid Attention to in the Performance of Fast Questions
快题表现中应注意的问题

就目前建筑、城规与景观等设计专业就业与考研的情况来看，3～6小时的快题考试已成为摆在各应试者面前的主要任务。

通过近十几年的快题考试情况来看别无手段，好像也只有通过这样的考试才能较合理地反映出一名应试者的专业水平，从而择优录取。换言之，快题考试手段已成为广大应试者专业水平高低的试金石。

8.1 快题考试设计与表现的时间安排

一场3～6小时的快题考试，对于一位求职者或考研者来讲都是一相较艰巨的任务，就3～6小时的考试可以说有一半为构思推敲草图设计时间，而另一半为正图表现时间。

目前，国内绝大多数高校和设计院的快题考试是6小时的，在这里我们就以6小时的快题考试为准进行一些时间上的安排，如表8-1所示。

快题考试的时间分配表　　　表8-1

考试全时段 360 分钟								
创意构思与草图设计阶段 180 分钟			正图绘制与修饰阶段 180 分钟					
审题	构思	草图设计	排版	平立剖	透视	字体含说明	上色	校对与润色
15	165		10	90	30	20	20	10

图表中的时间分配仅供参考，因每个人的设计能力与表达能力都会有较大的差异，故时间安排上也会有一定的差异。

草图设计与正图绘制其时间安排上通常都会各留一半左右的时间，特别在正图绘制中如果没有一半时间的保证，所绘制的图也难以保证有较好的效果（有较好表现能力者例外），所以，平时加强表现能力的训练还是非常重要的。

　　同时，也需要每位应试者在考前有大量的模拟测试训练，逐步适应与调整相应的作图时间以满足考试的需要。但从实践经验来看，其作图时间在能保证作图正确的前提下尽可能地把时间向前提，以保证更多的时间来进行检查和图面的修饰，尽可能地将自己的图面效果做到让人眼前一亮。

　　要做到图面给人眼前一亮的效果，加强手绘训练是必须的，同时，也需要加强某一方面的精炼使得图面效果更为出彩，例如：透视图的快速生成、色彩明快与整图的协调；在平立剖面图绘制时需做到线条挺括粗细有别、比例准确字体工整、配景有序色彩和谐，如图 8-1（华元设计手绘习作）所示。

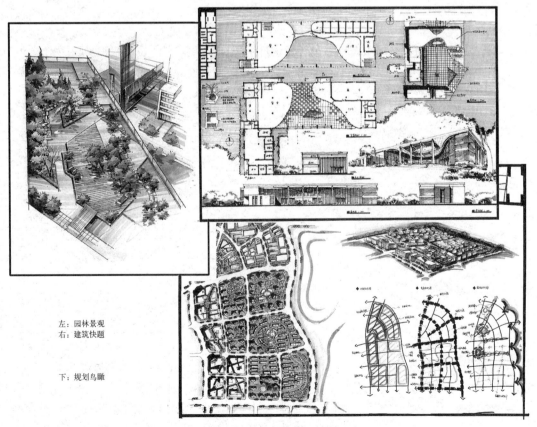

左：园林景观
右：建筑快题

下：规划鸟瞰

图 8-1 华元设计手绘 建筑、规划、园林景观习作

8.2　快题表现中的字体

字体在快题设计与表现中也是一项重要的内容，它能起到画龙点睛的作用，也能起到让人眼前一亮的效果。

快题考试虽然时间很紧张，但是必要的书写还是少不了的。由于，在全电脑的时代很多同学已放松了字体的训练，导致在考试中措手不及甚至严重影响了图面质量而被扣分。

在这里我们将在快题考试中的字体分为"标题性"字体和"说明性"字体，以及相应的字母以数字，如图 8-2 快题中的字体所示。

图 8-2 快题中的字体

8.2.1　标题性文字

标题性文字指快题考试中的题目名称，如"医院建筑快题设计""三号地块详规快题设计""小区园林景观快题设计"等，但目前绝大多数考生在图纸的标题中基本都把某一项目的名称给省略掉，其实这是不合理的。

为了较快地书写标题字，这里向大家介绍一种"块块字"，在某一方块内只要简单地划上几笔快捷而又方便，哪怕笔画较多或较复杂的字也可，如图 8-3 所示。

对于这类字的书写虽然比较方便，但首先还是先需要掌握其字体的特点和书写的基本要领。

1）特点
书写便捷有序、比例长宽可塑、风格刚劲艺术。

2）要领
（1）首先，要对字体进行结构分析与简化，以"装箱"法的形式，把字体装入方框内，该框"可正""可长""可扁"根据书写位置而定，同样的字可以写不同长宽的比例，从而满足不同字体空缺的位置，如图 8-4"旅馆"二字所示。

（2）在框内书写如正方形时其横竖笔划尽可能地等粗或等宽，但在不同比例的框内，其横竖笔画无法做到等粗或等宽时，应尽可能做到横向间等宽与竖向间等粗。

（3）整个字体尽可能地做到方正，但对于某些笔画比较少的字以及上下左右出头比较

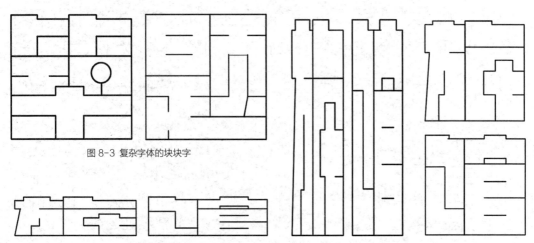

图 8-3 复杂字体的块块字

图 8-4 不同比例字体的书写

多的文字如"计""少""建""快"等，在书写这些文字时是需要略加注意字体的"方正感"，否则会失去块块字的特点，如图8-5所示。这些特例字体有很多但书写时要尽可能地做到"笔画少点要撑开""出头多的要减少"，以保证字体的方正。

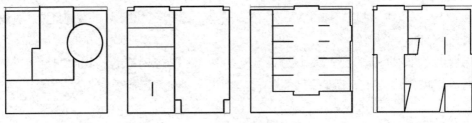

图 8-5 特例字体的书写

8.2.2 说明性文字

说明性文字在快题设计中还是不可避免的要出现，例如：必要的方案设计说明，经济技术指标以及局部的房间名称和图名等等。

由于快题考试的时间非常紧张，这些文字说明通常会采用"等线体"来书写。它的书写虽然没有仿宋体那么严谨的要求，但等线体书写也需要有一定的比例结构，同时做到字体的方正，如图8-6所示。

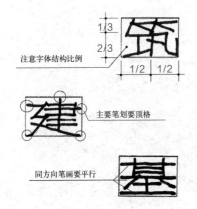

图 8-6 等线体的书写要领

8.2.3　数字与字母

数字与字母在专业绘图中也是必不可少的，我们所标注的尺寸和标高，以及相应的字母。这些数字与字母其数量不会多，但书写的好与坏将直接影响到图面的质量和考分。

这些数字与字母的书写也可分为"标题性"和"说明性"两种。

若属于"标题性"的仍可按"块块字"要领书写，若属于"说明性的"还是按"等线体"要领书写，如图8-7所示。

特别要强调的是，无论在书写"标题性"还是"说明性"文字时都也必须用2H铅笔打字格，在书写"说明性"文字时，通常采用扁方体其笔画尽可能地撑满格子。

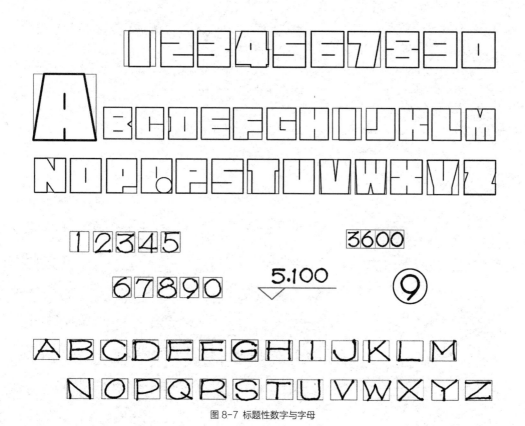

图 8-7 标题性数字与字母

8.2.4　常用块块字的样张

1）常用块块字偏旁与部首

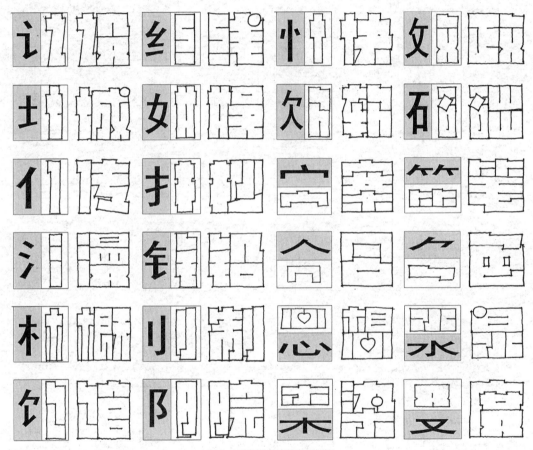

图 8-8　常用块块字偏旁与部首

2）常用块块字样

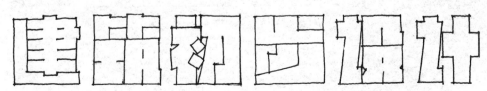

图 8-9　常用块块字样（1）

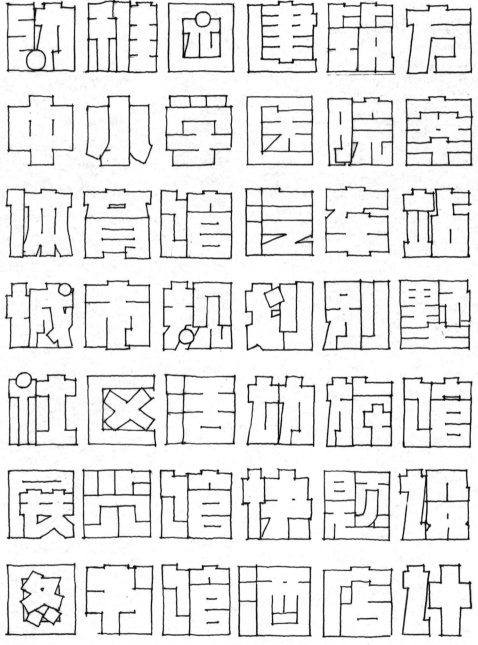

图 8-10 常用块块字样（2）

8.3 快题表现的图面布置与色调处理

无论是就业还是考研其快题考试在评分时，通常都会分两个阶段进行。

第一阶段是先分档，这分档就是将所有的试图从表现效果和版式上进行优劣排队，特别要强调，凡表现比较抢眼的会占比较多的优势。

第二阶段是在第一阶段图纸分档的基础上进行方案设计的优劣比较，然而再综合评定给出最后的成绩。由此可见，方案设计的表现是多么重要。

在整张图面的布置与版式上我们尽可能地去做到图面大气、排列有序、错落有致且相互呼应，给人眼前一亮的效果。

在图面的版式与布置时应注意以下一些要点：

1）七巧板式的图面排列

所谓七巧板的排列，就是将整张图纸内所要画的图如：平立剖、透视、总图以及文字说明等内容，可以将这些内容不同比例的草图分别裁切成小块，然后，在正图版面上排列比较，以达到错落有致疏密有序。不同命题其规模大小不同、地形环境不同以及设计要求的不同，它的表现内容也会有所不同，所以，在图面排版时不同的平立剖图、透视图等它们之间的相对位置是会有所变动的，所以必须结合具体情况进行排版，如图 8-11 所示（华元手绘学员习作）供参考。

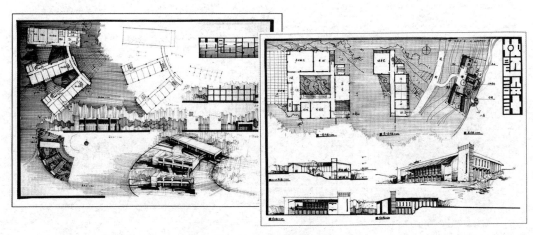

图 8-11 不同的图面的布置

2）色块连接有机结合

当图面确定以后，为了加强图与图之间的衔接性和图幅的整体性，最好的办法是在这些图之间用马克笔涂色，将不同的图有机地衔接在一起，如图 8-11、图 8-12 所示。

3）透视色彩必须与画面协调

在整张图幅中透视图一定是最抢眼的视图，也有不少应试者会在透视图中花费很多时间，结果显得透视图与整体色调格格不入，适当的强调是需要的，但在整体色调上必须有个"度"的掌控，这一掌控是有一定的难度（对于初学者来讲必须多临摹他人优秀作业），只有通过多画多分析并结合自身的表现特点进行练习才能有较好的掌控力，如图 8-13 所示，A 图整体比素雅、B 图透视有点娇艳、C 图较好，这些图例的色彩比较仅供参考。

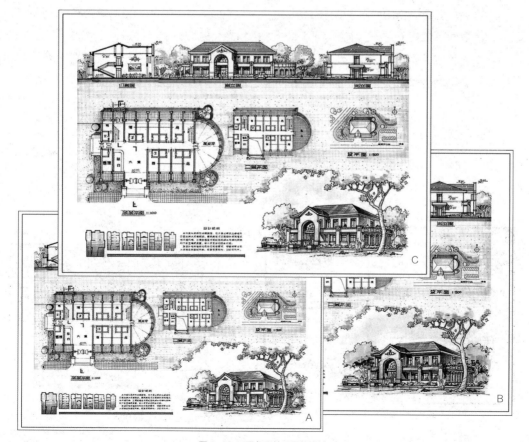

图 8-12 不同色彩效果图的比较

4）文字与图幅

在整个图幅中难免会出现必要的文字说明，对于这些黑漆漆的一堆文字在排版中应该尽可能地安排在图纸的边缘位置，如图 8-12、图 8-13 所示。

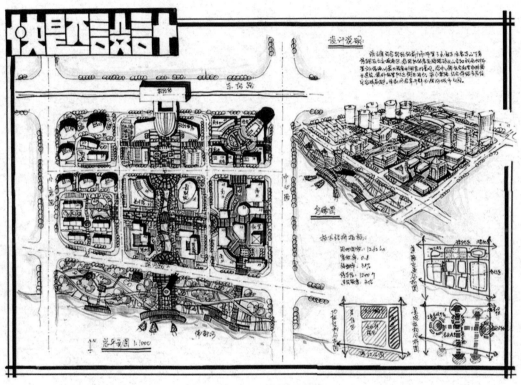

图 8-13 规划快题图

同时，对于快题考试中图幅大小的控制，通常，命题单位都会有明确的规定。按常规各大设计院的求职快题考试基本都用 A1 图幅，各大院校的考研快题考试绝大多数院校为 A1 图幅，但也有部分院校却采用了多张 A3 图幅。对于 A1 与 A3 图幅从图面布置和版式的角度来看 A3 相对容易一点，因为，A3 图幅内的图纸内容相对会少，图与图之间的衔接与空缺也容易处理，特别是透视图可以独立一张。

5）版面的色调风格

对于整张图幅的版面色调，可以说建筑、规划与风景园林三个不同的专业，其设计与表达的内容不同导致表现的色调风格也会不同。

（1）灰色调风格

建筑专业的设计与表现以单体建筑的平立剖面、总平面图和透视图为主，其表现的也内容较多，而且底层平面图、各立面图、总图以及透视图还是需要配景，为此，在整个版面中各图纸着色的色调统一与协调就显得非常重要，否则各自为主图面会乱掉的，所以，除透视图外，其他的图纸均采用灰色调子为主便于以统一，透视图的上色可以有一定的亮丽色，但也必须与整个图面色调相协调，如图 8-14 所示。

（2）亮色调风格

城乡规划专业，其设计和表达的内容以总体规划图及总体鸟瞰图为主，与建筑专业相比画面的色彩容易控制，色彩也可以明快亮色一点，如图 8-14（a）所示。

园林景观专业，其设计和表达的内容以园林绿化与建筑小品为主，相比以上两专业更容易发挥亮丽色彩表现的特点，所以，其表现通常也都采用亮色调风格，如图 8-14（b）所示（两图均为华元设计手绘习作）。

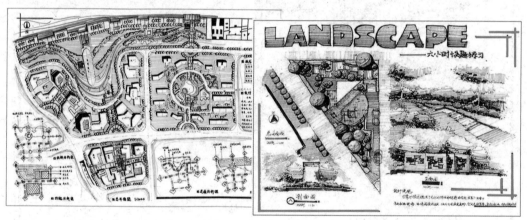

(a) 规划方案设计表现图   (b) 园林景观方案设计表现图

图 8-14 亮色调快题习作

（3）单色调风格

所谓单色调风格是指在墨线图的基础上略施一些单色，通常以灰色为主。确实在考研中有少数院校不要求考生在快题中上彩色，以反映出素描的黑白灰关系即可，如图 8-15 所示为 A3 图幅。

总之，对于不同院校快题考试的图幅要求和上色风格都会有所不同，希望各应试者必须提前注意并了解自

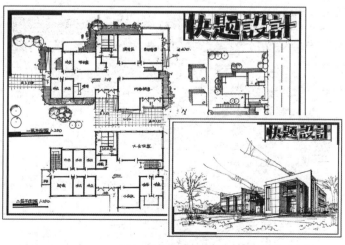

图 8-15 单色调快题习作

己所要报考院校的快题考试要求、风格和动态变化（各大设计院以 A1 图幅为主），以选择相应的表现特点进行必要的强化训练。

8.4　快题中平、立、剖面的画法

8.4.1　平面图的画法

　　平面图是快题设计中最主要的图纸，它所占的面积也最大，相对而言它的绘图工作量也最大，有底层平面图、标准层平面图以及总平面图等等。同样，该图纸绘制的质量好坏也将直接影响到整体成绩，通常在绘制中应注意以下几点。

　　1）正图的铅笔稿线建议用尺规绘制，画线条勿拘谨可以画出头。

　　2）大约在 1∶200 的比例情况下，建议绘制双线墙图面效果好。

　　3）在绘制底层平面时需要绘制建筑周围的环境（绿化与地形）、指北针以及剖面图的剖切符号，再在绘制各层平面的主要标高与高差线。在绘制总平面图时需要绘制地基范围内的道路、场地的设施等，建筑物与场地需画日照阴影。

　　4）为了抢速度，上墨线时墨线出头是允许的，开启的门可以只画一短粗直线即可，楼梯踏步节数也只作示意，但出入大门的高差台阶必须画清楚。

　　5）最后视时间而定将墙柱填色。通常建筑快题平立剖面图的色调基本以灰色为主，如图 8-16 所示。

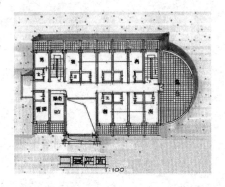

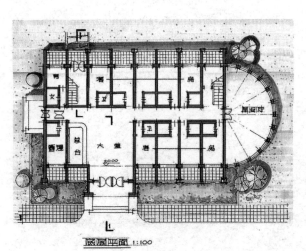

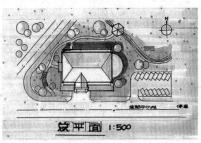

图 8-16　建筑快题平面图示意

6）而规划和景观的快题（特别是景观快题）其平面图的绘制与建筑快题相比，最大特点是：①基本不绘制建筑平面的内部分隔空间。②规划设计主要表达各楼宇间的空间距离、楼层高度以及绿化率的表现，如图 8-17 所示。③景观设计着重反映场地内的景观空间与绿化小品，为了区分不同的植物与小品故色调就比较丰富，如图 8-18 所示。

 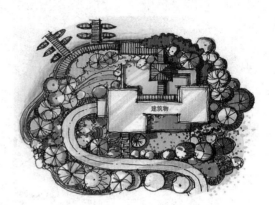

图 8-17 某规划快题平面图局部（华元手绘）   图 8-18 某公园游船码头景观快题平面图

8.4.2 立面图的画法

立面图图的画法也会因人而异，表现能力较好的可以将建筑物与配景画的丰富一些，反之就简洁以点，这些简洁与丰富都必须与时间挂钩。

立面图绘制也需要注意以下几点：

1）画立面图外墙门窗的位置可直接从平面图中拉下来，如平面图与立面图不在同一上下位置时可取一段纸片从平面图中量取，这样可省下很多时间。

2）正图稿线还是建议用尺规绘制，上墨线是否用尺规绘制可因人而异，徒手线条虽然有灵气但太花时间。在没有时间保证的前提下建议还是用尺规完成。

3）配景绘制只要简单地画出树形轮廓即可。

4）凡是建筑快题的立面图在后期着色时，其色彩还是建议以不同的灰色调为主，否则会将整张图面花掉，但是，在同系列灰色调中尽可能地表现出立面图的层次感，如图 8-19 所示。

图 8-19 快题中的建筑立面图表现

　　5）规划设计快题，通常不太会要求画相关的规划立面图（如街景立面图或城市天际轮廓线）。

　　6）而景观快题设计所画的立面图基本为"剖立面图"，所谓剖立面图就是带有一定的"地面"或某些"构件"的剖示立面图面，如图 8-20、图 8-21 所示。

图 8-20 某沿街休闲景观地剖立面图

图 8-21 某楼宇间的庭院景观空间的剖立面示意图

7）景观剖立面图其实是"剖面"加"立面"图，为此，考生要选择最具代表性的位置来表达剖立面图。

8.4.3 建筑剖面图的画法

建筑剖面图的表现相对比较简单，但绘制时也需要注意以下几点：

1）剖面图的剖切位置必须要选择最能反映问题的空间，千万不能因时间紧张而选择最简单的空间来剖切，如图 8-22 所示。

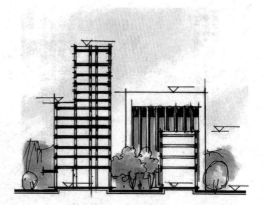

图 8-22 建筑剖面图

2）绘制剖面图时必须反映清楚各墙体中已剖切到和未剖切到的粗细线形，以及室内外的高差，并标注相应的主要标高。

3）剖面图中也可以配置简单的绿化，在整体图面中可以与立面图排列在一起，如图 8-22 所示。

第9章　Performance of Coloured Lead and Marker Pens
彩铅和马克笔的表现

　　彩色铅笔和马克笔是当前快题考试中最为常见的上色工具，因为，这两种笔上色相对比较方便，而且对纸张也没有太大的要求。

　　所以，为了适应快题考试的着色平时也必须对彩铅和马克笔进行一定的练习。

9.1　彩色铅笔的表现技法

　　彩色铅笔在建筑设计领域的表现还是有一定的历史，不少国内外建筑大师都会用彩铅作为渲染工具来表达自己的设计意图。

　　彩铅着色渲染其最大特点：快捷、方便、对纸张要求不高，而且可以擦色修改或色彩叠加，这对非艺术类学生来讲是一种比较理想的上色工具，如图9-1所示。

图 9-1 彩铅表现某住宅小区效果图

9.1.1 彩色铅笔表现基本技法

1）工具与用具的要求

（1）彩色铅笔——彩铅可分进口与国产两类，在这两类笔中又可分为油性与水溶性两种，通常快题表现中选择油性的即可，是否选用进口铅笔可根据经济条件决定，目前国内的合资产品均能满足快题渲染要求。但在选购彩铅时尽可能地选择 72 色或 108 色，这也可根据绘图者对色彩的敏感度而定，一般 72 色即可。

（2）纸张——彩色铅笔对快题渲染的纸张要求并不高，纸张表面光平一般的绘图纸即可，平时练习用 70 ～ 80g 复印纸即可。但表面太光滑的纸如铜版纸就会降低着色力，同样表面较粗糙的纸如水彩纸也不好，会产生凹凸不平感不利于表现。

（3）橡皮与餐巾纸——橡皮可用来擦涂天空留下云朵。餐巾纸可用来减退色彩的艳丽度，同时也可达到模糊与退晕效果。

2） 运笔基本练习

对于初学者或应试者来说都需要有一个运笔的基本练习过程，以熟悉并掌握不同的运笔而产生不同的效果，如图 9-2 所示。

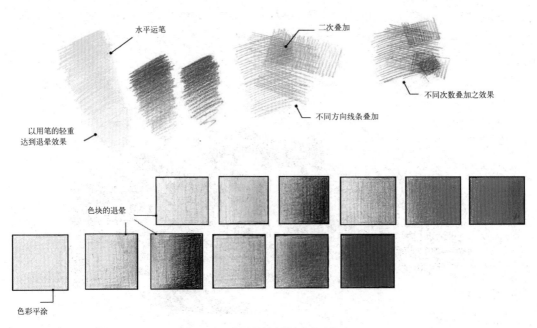

图 9-2 彩铅的基本运笔与色块渲染

3）建筑配景与绿化小品练习

建筑配景主要指车、树、人，而绿化小品指的是围绕绿化而设置的一些花台、花架、喷水池等，如图 9-3 所示。

图 9-3 建筑配景车、树、人

　　有关绿化小品的表现，对于风景园林和景观专业还是比较重要的，特别对非艺术类专业的考生而言，更需要平时的反复练习并且掌握彩铅着色的基本规律和技能，才能快速应对快题考试的表现。

　　目前，确实有不少考生迷恋于马克笔的表现，因为马克笔的色彩鲜艳而且上色快，但马克笔的表现对美术的要求也是比较高，一笔下去就不能修改，也不容易达到退晕效果，这会给非艺术类学生带来压力，故用彩铅来表达绿化小品对非艺术类考试是一个较好的选择，如图 9-4 所示。

图 9-4 绿化小品

4）彩铅上色的基本步骤

以建筑透视图的上色为例，如图 9-5 所示：

（1）稿线（墨线稿），如图 9-5（a）所示。

（2）建筑主体——建筑物会有主次面和主次光之分，通常可先着色主面底色，主次面交替进行逐渐加深并考虑墙面的退晕关系，如图 9-5（b）。

（3）天空——天空的色彩变化还是很多的，通常以蓝色为多（蓝色内又可分为湖蓝、钴蓝等），在着色时一定要考虑到天空上下退晕渐变的问题，同时，也建议笔者在表现常规蓝天白云的天空时，可选用粉笔进行渲染，其最大特点就是"快""方便"，而且又可以用橡皮擦出云朵或餐巾纸擦洗和模糊颜色，如图 9-5（c）所示。如考虑是为表现早晚霞的天空，色彩就会更丰富，如图 9-5（d）所示。

（4）配景与环境——配景与环境是建筑透视图上色中的最后一个环节，绿化环境彩色铅笔在方案设计的表现中运用还是比较广泛的，如图 9-6、图 9-7 所示。

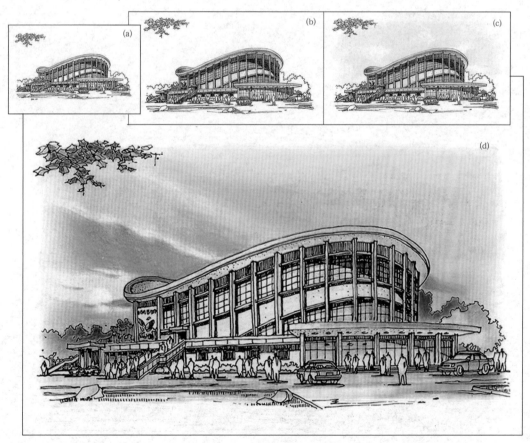

图 9-5 彩铅上色步骤

图 9-6 某公园景观方案草图

图 9-7 某售楼部小建筑方案设计草图

9.2　马克笔的表现技法

　　马克笔表现在我国的设计领域其时间并不长，但在这十多年的时间内发展却很快，表现资料也从无到有得到普及，可是目前在不少非艺术类建筑设计专业的高等院校对马克笔的教学并没有得到很好的深入，这也导致了不少考试对快题考试中的马克笔表现感到困难甚至感到恐慌。

　　马克笔渲染具有色彩鲜艳明快，而且作图也方便的特点，非常适合现代快题设计的表现。但对于非艺术类学生来说，在具有一定的美术基础的前提下，勤于练手应该可以掌握马克笔的快速表现，如图 9-8 所示。

图 9-8 某公建的马克笔快速表现

9.2.1　马克笔表现基本技法

1）工具与用具的要求

　　（1）马克笔——马克笔可分为油性和水性两种，通常快图表现采用油性笔。马克笔的品牌也很多，有原装进口的、中外合资的和国产的，每个同学可以结合自己经济条件进行选择。

（2）纸张——马克笔着色对纸张的要求并不高，考试中的白色 0 号绘图纸、120g 色卡纸、硫酸纸均可，平时练手常用 70g 或 80g 的复印纸即可。

2）运笔基本练习

对于初学者或应试者而言都需要有一个练手的过程，首先，对马克笔的运笔有一个熟悉和掌握。尤其是对马克笔的色彩退晕和渐变是有一定的难度，确实需要一段时间的练习，如图 9-9 所示。

（1）单色叠加和渐变——同一色的马克笔重复涂绘其色彩会加深，一般为 2～3 次从而浅到加深和渐变的作用，如图 9-9（a）所示。

（2）同色系叠加和渐变——马克笔中可分几个色系，如红色系、黄色系、灰色系等，而在同色系中进行渐变退晕是最常见的手法，如图 9-9（b）所示。

（3）多色系叠加和渐变——多种颜色的叠加可产生不同的色彩效果，也可进行色彩的渐变退晕以达到更丰富的层次感，如图 9-9（c）所示。

(a) 单色   (b) 同色   (c) 多色

图 9-9 运笔基本练习

3）配景中绿化小品的表现

马克笔表现配景和绿化小品的对象与彩铅表现的对象是相同的，而不同的是马克笔的上色和接色都比彩色铅笔难度大。

无论在同色系的接色还是在多色系的接色，有的地方可以留下明显的笔触，但又些地方是不允许留下笔触的，对于这些接色的笔触是可以通过"干"与"湿"的画法进行有机处理。

对于初学者或者有一定基础的同学而言，多临摹、多分析是必须的，也只有通过这些基本的练习，如图 9-10 所示，方能领悟和掌握马克笔的运笔技巧和技能并加快马克笔的表现速度，为快题设计的表现奠定良好基础。

　　为了方便初学者的练习下图中所标注的马克笔色号仅供参考（不同品牌的马克笔其色号会有不同）。

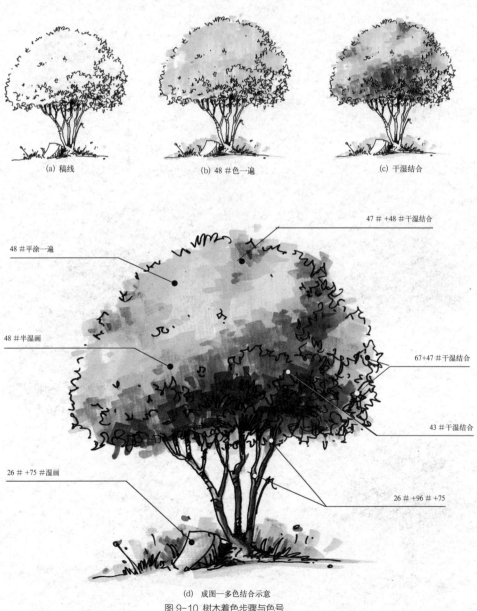

(a) 稿线　　　　　　　　　　(b) 48＃色一遍　　　　　　　　　　(c) 干湿结合

47＃+48＃干湿结合

48＃平涂一遍

48＃半湿画

67+47＃干湿结合

43＃干湿结合

26＃+75＃湿画

26＃+96＃+75

(d) 成图—多色结合示意

图 9-10 树木着色步骤与色号

　　不同的树种会有不同的树形，前面我们练习的是"蘑菇型"多枝干的树形其着色比较简单，但以下是一棵"多球形"的乔木树，这也是一种最常见的种树种如：桂花树、香樟树等，其表现相对就比较复杂一些，需要在树冠中利用不同的色彩勾画出不同的体积感，画法如图9-11所示。

图 9-11 多球形树形画法

对于风景园林和景观专业来讲更需要掌握树木应不同气候给树叶带来不同色彩变化的表现效果，如图 9-12 所示。

图 9-12 不同色彩变化的树

　　风景园林中山石叠水的景观还是比较常见的，它的绘图步骤与绘制技法如下，如图9-13所示。

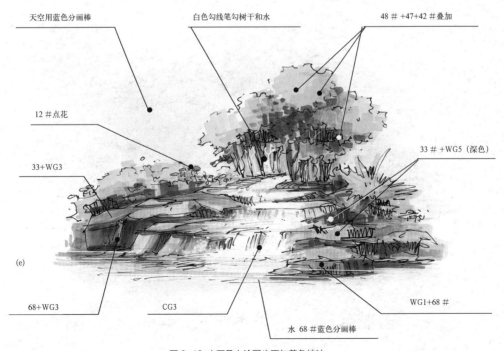

图9-13 山石叠水绘图步骤与着色技法

在建筑设计或园林景观平面图设计中，我们还时常会遇到不同平面图中的绿化需要用不同的色彩将其区分，如图 9-14 所示。

(a) 树的平面图形着色

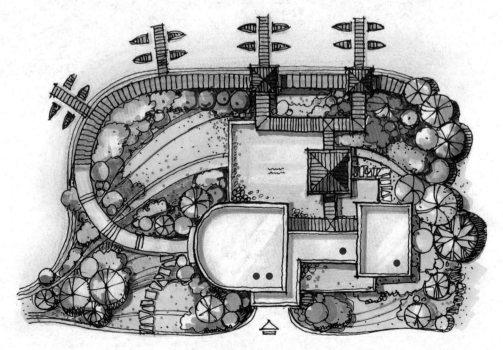

(b) 千岛湖游船码头方案平面图

图 9-14 不同平面中的绿化色彩

在平面图中还会遇到不同平面局部的材质表现，如图 9-15 所示。

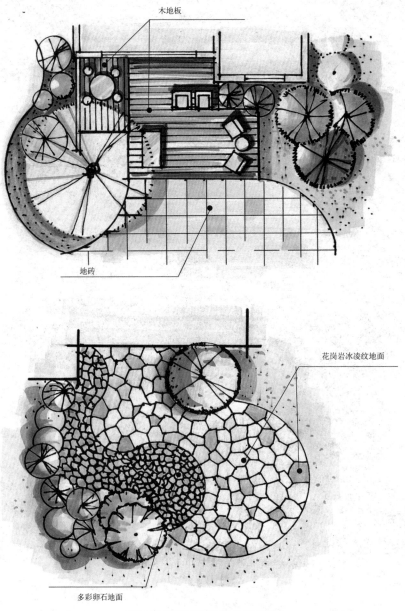

图 9-15 景观平面图中不同材质的表现

在园林景观设计中，某一独立住宅的园地设计会时常遇到，如图 9-16 所示。在绘制中整体色彩应保持基本协调，避免色彩的凌乱而缺乏整体感。建筑平面（或屋顶）可以留白。

4）配景中人物的表现

建筑画中人物的表现对于活跃画面的气氛起着很大的作用，同时，对建筑物也起着一个尺度显示的作用。在快题表现中不宜对人物描绘太细，但必须把握好人物与建筑物的比例关系，以及人物在整张画面中的布局与疏密关系，如图 9-17 所示。

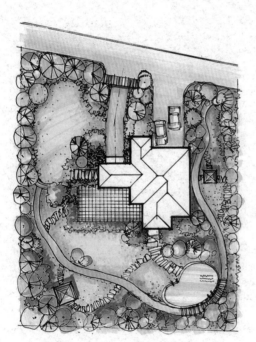

图 9-16 某独立住宅庭院景观平面设计   图 9-17 人物

5）配景中的天空与地面的表现

天空是每张效果图中都会出现也是必须表现的内容，但是在目前的快题培训和考试中，可以说天空的表现基本都选用马克笔和彩铅工具来表现。

我们认为对于非艺术类学生来说，用粉画棒（或粉笔）来表现天空非常合适，其特点：速度快、可涂擦修改、而且效果更逼真，如图 9-18 所示。

1. 粉画棒涂擦基本形

2. 用手指或餐巾纸涂擦天空并留好白云位置

3. 用橡皮擦出不同的白色云朵

图 9-18 用粉画棒表现天空的步骤

地面的表现：

①首先用不同的灰色马克笔画出地面倒影。 ②勾画黑色或白色地面倒影线以及马路透视线。 ③为了丰富画面效果，可以适当地在地面上点画少许树叶，如图 9-19 所示。

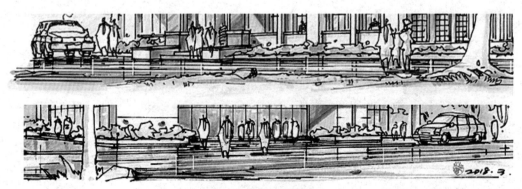

图 9-19 地面的表现要的

9.3 快题中的效果图表现

　　快题中效果图表现，在整张图面中会起到很重要的视觉效果。从目前大多数应试者来看，要绘制透视效果图都会感觉有一定的压力。因为，效果图的绘制和表现必须具有一定的美术基础和审美意识。特别想绘制色彩效果比较理想的效果图，确实需要平时有足够时间的强化训练——临摹、创造、再临摹、再创造，举一反三逐步掌握效果图的上色技巧。

　　对于效果图中透视图的生成与视觉选择等问题前面章节已有讲述，本章节主要以图示的形式，来反映在色彩绘制中需注意的要点，如图 9-20 所示。

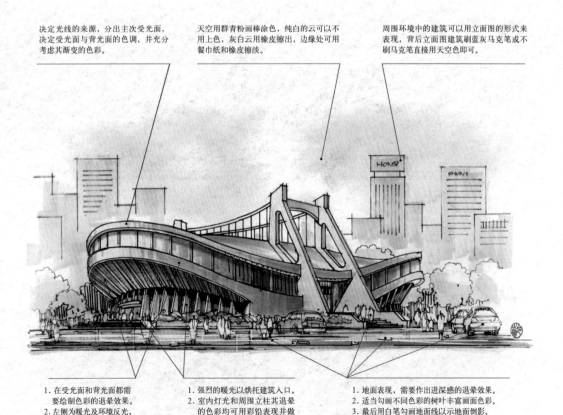

决定光线的来源，分出主次受光面，决定受光面与背光面的色调，并充分考虑其渐变的色彩。

天空用群青粉画棒涂色，纯白的云可以不用上色，灰白云用橡皮擦出，边缘处可用餐巾纸和橡皮擦淡。

周围环境中的建筑可以用立面图的形式来表现，背后立面图建筑刷蓝灰马克笔或不刷马克笔直接用天空色即可。

1. 在受光面和背光面都需要绘制色彩的退晕效果。
2. 左侧为暖光及环境反光，右侧为冷光及环境反光。

1. 强烈的暖光以烘托建筑入口。
2. 室内灯光和周围立柱其退晕的色彩均可用彩铅表现并做好渐变的色彩效果。

1. 地面表现，需要作出进深感的退晕效果。
2. 适当勾画不同色彩的树叶丰富画面色彩。
3. 最后用白笔勾画地面线以示地面倒影。
4. 车辆与人物的色彩只起点缀即可。

图 9-20 某体育馆建筑的色彩效果图

　　同一建筑物在选择不同的色彩表现时，其所产生的效果也会不同，同时，对于各人对于色彩肌理和效果以及表现时间的多少，每个同学可以根据自身情况进行不同色调的选择，暖色调相比冷色调会有一定的膨胀感，如图 9-21 所示。

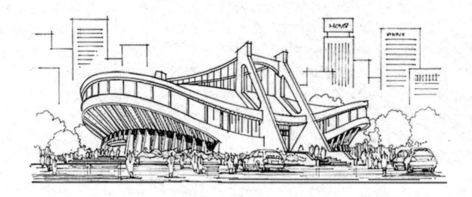

图 9-21 某区体育馆建筑方案图冷暖色调的表现

9.3.1 建筑透视图着色的基本步骤

马克笔着色的基本步骤，其前后顺次也会因人作画习惯而定，以下步骤为常规顺次也供初学者参考，如图 9-22 ~ 图 9-27 所示。

1）受光面着色——用相对的暖色对建筑物的受阳面进行着色，并考虑到椭圆形建筑在受光后色彩的渐变。在色彩渐变过程中留有笔触的是两色干接，无明细笔触的是两色湿接。用笔号：37.33.101.91.75.WG1 等供参考，如图 9-22（a）所示。

2）背光面着色——其考虑到整体建筑的色彩效果，尽可能地多运用一些色彩冷暖变化的效果和环境对色彩的影响，包括门厅内的色彩，马克笔之间的接色与上相同，留笔触的干接不留笔触的湿接。用笔号：WG1.GG1.75.68.101.33.22 以及豆绿彩铅，如图 9-22（b）所示。

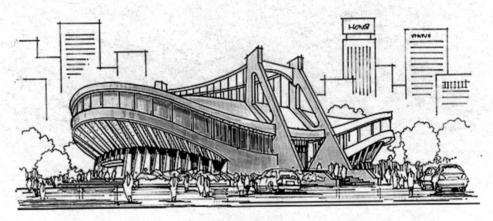

(a) 建筑主光面着色

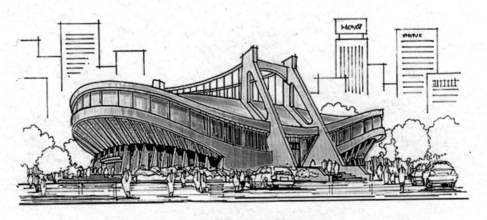

(b) 建筑物背光面与门厅着色

图 9-22 建筑透视图着色

3）周围环境着色——主要包括绿化、道路、车辆、人物以及周围远处建筑物等。首先应考虑周围环境的色调应该与建筑物基本相协调。绿化不必作深度刻画，深浅两色即可。人物与汽车还是留白为主局部的可以强调一下只起点缀作用。地面色彩明度应略低一点并绘制一定的地面反光和倒影。主体建筑背后的建筑群略施浅灰色即可。用笔号：绿化 48.68，汽车 7.14 和橘黄彩铅，建筑群 GG1，如图 9-22（c）所示。

4）天空着色与整体修饰——天空的着色并不用马克笔而用群青粉笔，在着色的同时一定要考虑好白云的位置和形状然后涂擦，群青色范围扩大至绿化，使得绿化融入背景色，最后对画面色彩作整体的修饰，如地面勾画一定有白线以示地面反光和倒影，如图 9-22（d）所示。

(c) 周围环境的着色

(d) 天空的着色以整体修饰

图 9-22 （续）建筑透视图着色

某学校教学楼着色步骤示意如下：

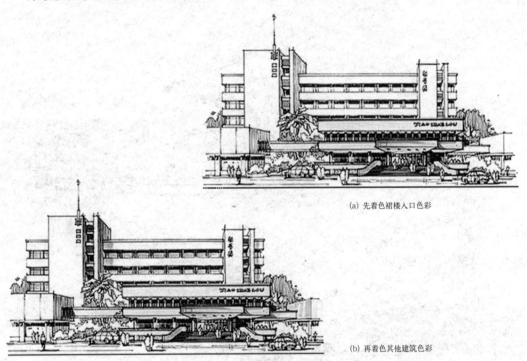

(a) 先着色裙楼入口色彩

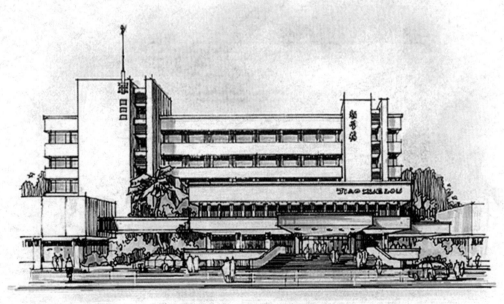

(b) 再着色其他建筑色彩

(c) 最后着色环境、地面和天空色彩

图 9-23 某学校教学楼着色

上海世博会博物馆着色步骤示意如下：

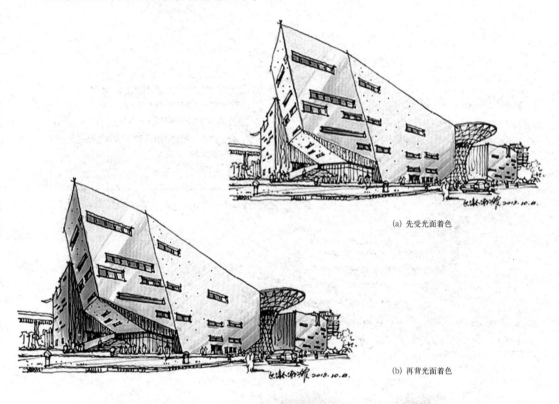

(a) 先受光面着色

(b) 再背光面着色

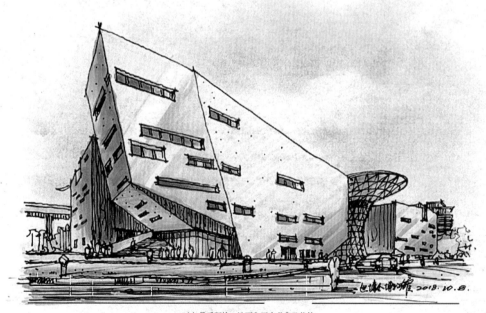

(c) 最后环境、地面和天空着色及修饰

图 9-24 上海世博会博物馆着色

街头建筑小品着色步骤

透视图着色其顺序及步骤也会根据个人的作画习惯不同而不同，并不一定先受光面后背光面的顺次，也可按建筑物的体部阴暗面同时进行，如图 9-25 所示。

(a) 先建筑物外墙着色

(b) 再建筑物底层商铺与楼层室内着色

图 9-25 街头建筑小品着色

(c) 周围绿化着色

(d) 最后汽车、地面、天空着色及修饰

图 9-25 街头建筑小品着色（续）

坡地小筑着色步骤示意

首先为建筑主体与细部，然后为周围环境如图，如图 9-26 所示（该图由华元手绘南京教学区卢辉响老师绘制）。

(a) 坡地小筑主体建筑着色

(b) 坡地环境绿化与天空着色

图 9-26 坡地小筑着色

单色、灰色和少色量马克笔的表现

对于考试时间比较紧张或彩绘能力欠佳的同学来讲，选用单色、灰色或少量马克笔表现也是一种较好的办法。某市历史小建筑不同色调效果表现，如图 9-27 所示。

(a) 某城市历史小建筑

(b) 某城市历史小建筑灰色马克笔表现

图 9-27 某城市历史小建筑不同色调效果表现

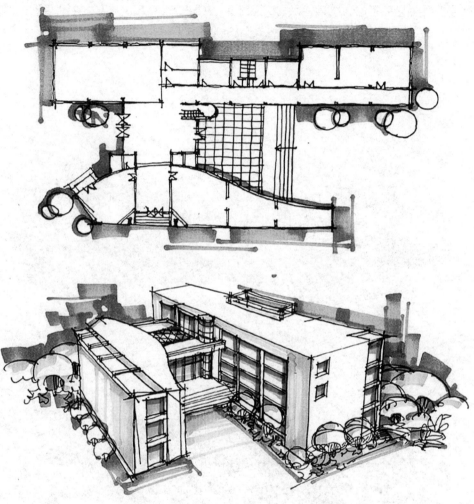

图 9-28 某培训中心方案草图 （由北京建谊高能建筑设计院李国光老师绘制）

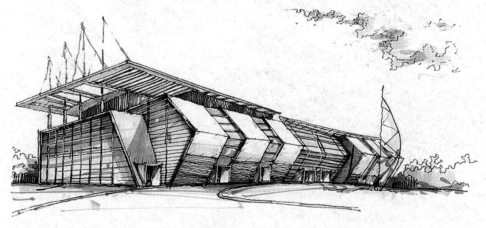

图 9-29 某长途汽车站方案草图 （由北京建谊高能建筑设计院李国光老师绘制）

　　对于少色量马克笔的表现其特点既快又省事，如图 9-30 某水岸艺术中心表现所示，该图由北京建谊高能建筑设计研究院李国光老师绘制。

图 9-30 某水岸艺术中心方案草图

9.3.2   园林景观透视图着色的基本步骤示意

园林景观透视图的着色步骤与建筑、规划透视图的着色步骤基本相同，由于表现对象不同，园林景观的表现如图 9-31 所示，以植物、园路、堤岸、水面为主，其表现步骤：①近景的堤岸、草地、园路的基本色调。②远处的树木草坪、水面、天空。③各部分细部深化修饰。

(a) 近景植物、园路、堤岸、水面着色

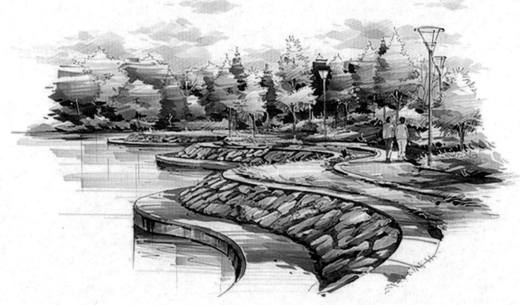

(b) 远处树木、草坪、水面、天空等着色以及细部修饰

图 9-31 园林景观的表现

按色彩层次进行着色步骤示意

　　某景观绿地也可按照色彩层次进行着色，如图 9-32 所示（图 9-31、图 9-32 由元华手绘卢辉响老师绘制）。

(a) 稿线图

(b) 首先对较浅的绿化群进行着色

图 9-32 按色彩层次进行着色

(c) 场景中主要景物着色

(d) 最后天空背景着色与细部深化

图 9-32 按色彩层次进行着色（续）

9.3.3　马克笔习作欣赏

　　在学习马克笔绘图的阶段都必须有一个临摹的过程，也只有通过临摹、分析、理解、再临摹，举一反三地学习，从而逐步理解和掌握其马克笔作图的技能与技法并达到快速地为建筑方案设计的表现服务。

图 9-33 英国伦敦大本钟

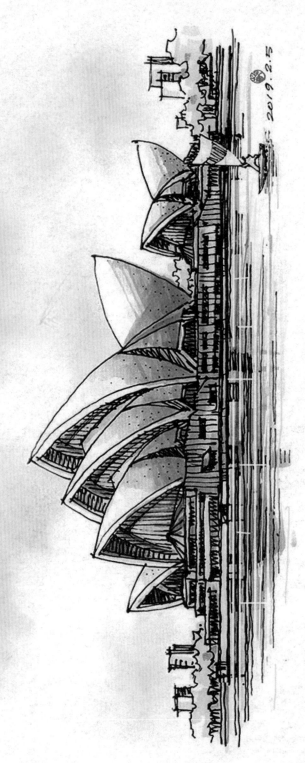

图 9-34 澳大利亚悉尼歌剧院

图 9-35 曲院风荷

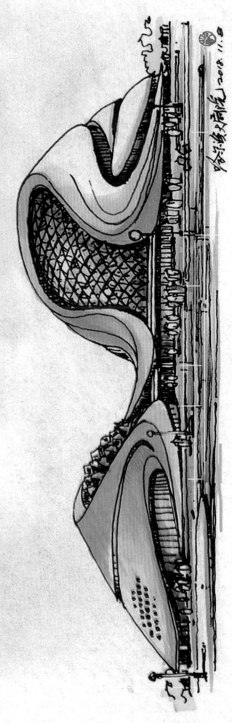

图 9-36 哈尔滨大剧院

图 9-37 村口的民居

图9-38 吊脚楼—云南民居

图 9-39 浙江天台民居

2019·3·22

图 9-40 浙江乌镇民居

图 9-41 北京古北水镇民居

图 9-42　云南丽江民居

图 9-43　湖南湘西民居

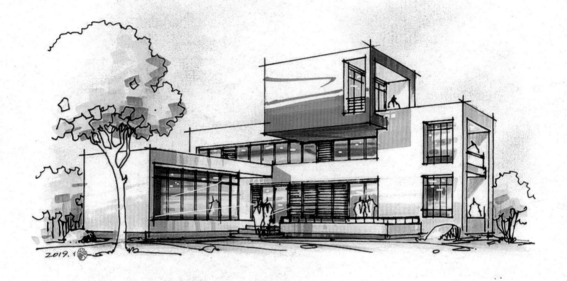

图 9-44 不同色调的小建筑表现

图 9-45 北京西山艺术工坊（由华元设计手绘南京教学区卢辉响绘制）

图 9-46　北京数字出版信息中心（由华元设计手绘南京教学区卢辉响绘制）

图9-47 北京三里屯太古里（由华元设计手绘南京教学区卢辉响绘制）

图 9-48 东南大学礼堂（由华元设计手绘南京教学区卢辉响绘制）

图 9-49 瑞士某小镇（由北京市建筑设计研究院副总建筑师金卫钧绘制）

图 9-50　阿尔卑斯山上小教堂（由北京市建筑设计研究院副总建筑师金卫钧绘制）

图 9-51 某职业技术培训中心（由北京建道高能建筑设计院李国光绘制）

图 9-52 某村镇文化中心（由北京建谊高能建筑设计院李国光绘制）

参考文献

[1] 邓蒲兵 . 景观设计手绘表现 . 上海：东华大学出版社，2013.

[2] 薛加勇 . 加速设计表现 . 上海：同济大学出版社，2008.

[3] 李国光，褚童洲 . 建筑快题设计技法与实例 . 北京：中国电力出版社，2018.

[4] 丁宁 . 建筑速写 . 武汉：华中科技大学出版社，2007.

[5] 钟训正 . 建筑画环境表现与技法 . 北京：中国建筑工业出版社，2009.

[6] 华元手绘（北京）快题设计教研中心 . 高分建筑快题 120 例设计方法与评析 . 北京：中国建筑工业出版社，2016.

图书在版编目（CIP）数据

建筑与快速表现：《建筑初步》配套用书／李延龄，
李迪编著．—北京：中国建筑工业出版社，2019.7（2021.12 重印）
A+U 高校建筑学与城市规划专业教材
ISBN 978-7-112-23848-4

Ⅰ．①建… Ⅱ．①李… ②李… Ⅲ．①建筑设计 – 绘
画技法 – 高等学校 – 教材 Ⅳ．① TU204.11

中国版本图书馆 CIP 数据核字（2019）第 113434 号

责任编辑：王 惠 陈 桦
责任校对：芦欣甜
书籍设计：付金红

A+U 高校建筑学与城市规划专业教材
建筑与快速表现——《建筑初步》配套用书
李延龄 李 迪 编著
＊
中国建筑工业出版社出版、发行（北京海淀三里河路 9 号）
各地新华书店、建筑书店经销
北京方舟正佳图文设计有限公司制版
北京市密东印刷有限公司印刷
＊
开本：787×1092 毫米 1/16 印张：12 字数：509 千字
2019 年 8 月第一版 2021 年 12 月第二次印刷
定价：49.00 元
ISBN 978-7-112-23848-4
　　　（34153）

版权所有　翻印必究
如有印装质量问题，可寄本社退换
（邮政编码 100037）